Albert Plehn

Beiträge zur Kenntniss von Verlauf und Behandlung der tropischen Malaria in Kamerun

Albert Plehn

Beiträge zur Kenntniss von Verlauf und Behandlung der tropischen Malaria in Kamerun

ISBN/EAN: 9783743326385

Hergestellt in Europa, USA, Kanada, Australien, Japan

Cover: Foto ©berggeist007 / pixelio.de

Manufactured and distributed by brebook publishing software (www.brebook.com)

Albert Plehn

Beiträge zur Kenntniss von Verlauf und Behandlung der tropischen Malaria in Kamerun

Beiträge

zur

Kenntniss von Verlauf und Behandlung

der

tropischen Malaria in Kamerun.

Von

Dr. Albert Plehn,
Kaiserl. Regierungsarzt.

Berlin 1896.

Verlag von August Hirschwald.

NW. Unter den Linden 68.

Die von Tropenärzten verschiedener Nationen geschilderten mehr oder weniger typischen Formen der Tropenmalaria, ihrer Complicationen und ihrer Behandlung, darf ich bei den Interessirten als bekannt voraussetzen. Demgemäss wird es wesentlich meine Aufgabe sein, im Folgenden auf Das einzugehen, was möglicherweise der Kamerunmalaria während meiner Beobachtungszeit eigenthümlich war. Wenn die Litteratur dabei vielleicht unvollständig berücksichtigt wurde, so bitte ich, zu bedenken, wie schwer man sich dieselbe in Afrika zugänglich machen kann.

Obgleich die grosse Verschiedenartigkeit, mit welcher die Malaria nach Ort, Zeit und individueller Disposition bekanntlich verläuft, es verbietet, die Beobachtungen, über welche ich berichte, ohne Weiteres zu verallgemeinern, so erscheint es doch auch praktisch geboten, gewisse Fragen weiter zu erörtern. Das illustrirt z. B. die Thatsache, dass jene wichtigste und schwerste Complication der Malaria, das sogenannte „Schwarzwasserfieber" von den deutschen Aerzten der afrikanischen Westküste [Fisch (1), Wicke (2), Döring (3)] mit sehr vorsichtigen kleinen Chinindosen, von Friedrich Plehn (4), Kohlstock (5), [in letzter Zeit auch Fisch] und mir ganz ohne Chinin behandelt wurde, während man in Ostafrika noch immer nach Steudel (6, 7) zu verfahren scheint, der 8—10 g pro Tag verabreichte, und Gaben von 5—6 g wochenlang fortgebrauchen liess.

Bei meinen Untersuchungen ging ich von der Ueberzeugung aus, dass nur die Fieber erfolgreich mit Chinin behandelt werden können,

Hier in Westafrika gilt es als besonders bedenklich, das Chinin während oder unmittelbar vor dem Fieberanfall zu nehmen. So wenig das theoretisch begründet ist, insofern das Malariaplasmodium nur im frühen Stadium seiner Entwickelung durch das Chinin getödtet wird, und demnach die Chininwirkung während des Anfalls am vollständigsten sein muss, wo die jungen Parasiten „gewissermaassen in statu nascendi" getroffen werden [ich komme hierauf noch zurück; vergl. auch Mannaberg (9)], so zweckmässig ist es praktisch, den Fieberabfall zu erwarten, wenn sich's um Intermittens handelt. Erstens ist dann die Wahrscheinlichkeit am geringsten, dass das Medicament durch Erbrechen und Durchfall sofort entfernt wird; zweitens wird der Kranke besonders stark belästigt, wenn die Chininbeschwerden auf der Höhe des Anfalls eintreten. Freilich ist das freie Intervall oft so kurz, dass sich dies Unerwünschte nicht vermeiden lässt. Auch darf nicht übersehen werden, dass Derjenige, welcher sich dazu entschliesst, sofort Chinin zu nehmen, wenn er einen Fieberanfall nahen fühlt, der zweiten der hier typischen beiden Fieberattaquen vorbeugt. Die Parasitengeneration, welche durch ihre Sporulation den zweiten Fieberanfall auslösen würde, ist nämlich in der Regel der Chinineinwirkung noch zugänglich, wenn der erste Anfall sich anzukündigen beginnt. Dieser erste Anfall bleibt allerdings unvermeidbar.

Sehr warnen möchte ich davor, bei einer Continua etwa das Herabgehen des Fiebers erwarten zu wollen, bevor man zum Chinin greift. Da kann es leicht zu spät werden. Ich habe es mir zum Grundsatz gemacht, unter allen Umständen $1^{1}/_{2}$ 2 g Chinin zu geben, wenn eine Continua mit hoher Temperatur (39—40°) zweimal 24 Stunden gedauert hat. Um der Resorption in diesen schweren Fällen sicher zu sein, führe ich das Chinin hier gern durch Injection in die Glutealmuskulatur ein. Vierundzwanzig Stunden später folgt eine zweite, und im gleichen Intervall eventuell noch eine dritte Dosis gleicher Grösse auf demselben Wege. In seltenen Fällen fiel die Temperatur kritisch und dauernd; öfter wandelte sich die Continua vorher zur Intermittens um, und es bedurfte noch einiger weiterer Chiningaben, um definitive Entfieberung zu erreichen. Die Plasmodien, welche man anfangs in allen Stadien der im peripheren Blut verfolgbaren Entwickelung antrifft, verschwinden häufig schon vorher aus der Circulation.

Es ist keine Frage, dass solche hartnäckigen, hier übrigens ziemlich seltenen Fälle, dazu herausfordern, es mit ganz grossen Chinindosen zu versuchen. Ich persönlich hatte bis jetzt keine Veranlassung dazu. Einmal fürchte ich, dass ganz grosse Chiningaben (3 g und mehr), bei diesen Schwerkranken Herzschwäche hervorrufen könnten, mit welcher man es sonst glücklicherweise nur sehr selten zu thun hat; dann aber hat sich mir das soeben beschriebene Verfahren einer gewissermassen fractionirten Sterilisation des Körpers mit mässigen, täglich wiederholten Chiningaben als ausreichend erwiesen. Ich habe an acuter, scheinbar uncomplicirter Malaria nur einen Kranken verloren:

Der Capitain einer schwedischen Bark litt seit zwei Tagen an einer Febris continua mit Temperaturen um 40° C., als ich am 20. 1. 96 seine Behandlung übernahm. Die Temp. betrug 40,6; die Pulsfrequenz 110 und 120; mässiger Kopfschmerz; Sensorium völlig klar; Erbrechen bestand nicht; ebensowenig nachweisbare Organveränderungen. 2 grm Chinin. Am 21. 1. war der Zustand der gleiche; weitere 2 grm Chinin. Nach dem Chiningebrauch sank die Temperatur, wie am Tage vorher vorübergehend unter 39° C., um dann gleich wieder zu steigen.

Da das Fieber am dritten Tage fortdauerte, so sollte der Kranke abends ins Hospital zur Bäderbehandlung übergeführt werden. Chinin erhielt er an diesem Tage zunächst nicht. Der Puls erregte 10 h. a. keinerlei Besorgniss; die Temperatur war 40,1. Nachmittags stieg dieselbe jedoch rasch auf 41,0 -41,7--42,5, und der Tod trat unter furibunden Delirien ein, ehe der Arzt zur Stelle kommen konnte.

Die Obduction ergab u. A. hochgradige Entartung der schwach entwickelten Herzmuskulatur bei totaler Concretio pericardii.

Ich glaube nicht, dass hier grössere Chiningaben gerettet hätten.

Wo es sich, wie gewöhnlich, um Intermittens, oder die schon sehr viel seltenere Remittens handelt, da empfiehlt es sich, wie gesagt, das Chinin zu 1 — 1½ grm während des Temperaturabfalls zu reichen; etwa, wenn die Körperwärme auf 38,0 bezüglich 38,5° C i. ax. gesunken ist, und die Schweissabsonderung reichlich wird. Zu dieser Zeit finden sich im Blut der Malariakranken in Kamerun (von vereinzelten Ausnahmen abgesehen) zwei Generationen von Parasiten in zwei verschiedenen Entwickelungsphasen neben einander: Die jüngere, welche als allerkleinste endoglobuläre Ringelchen von etwa $1/25$—$1/15$ der Grösse eines rothen Blutkörperchens erscheint, wird durch das Chinin getödtet und verschwindet wenige Stunden, nachdem das Chinin zur vollen Wirkung kam, aus dem Blut. Die zweite Generation hat meist die Mitte ihrer Entwickelung erreicht oder überschritten — je nach der Nähe des kommenden Anfalls. Die Plasmodien haben demnach $1/3$—$1/4$ der Grösse eines Erythrocyten und führen bereits Pigment, oder auch nicht[1]). **Ihr Wachsthum und ihre Sporulation werden zu dieser Zeit durch eine Gabe von 3 grm Chinin nicht mehr aufgehalten**, wenn auch gewöhnlich schon durch die üblichen 1—$1^{1}/_{2}$ grm um einige Stunden verzögert[2]). Der entsprechende Fieberanfall pflegt nachher durchaus von der gleichen Schwere zu sein, wie der erste. — Es hat also gar keinen Zweck, den Kranken in der Zeit relativen Wohlbefindens nach dem ersten Anfall, wo er vielleicht isst, trinkt, schläft, mit weiterem Chinin zu behelligen: Das zweite Fieber kommt doch. Wird aber gegen das Ende desselben eine weitere Chinindosis von 1—$1^{1}/_{2}$ grm verabfolgt, dann tödtet diese auch die Jugendformen, in welche die zweite Generation sich auflöst, und der Kranke bleibt fieberfrei, ohne weiter Chinin zu erhalten[3]). Oft ist er selbst nach schweren Attaquen am 4.—5. Tage dienstfähig — bis das nächste Recidiv kommt.

Während der ersten Zeit meiner Thätigkeit hier wendete ich das

---

1) Nur bis zu diesem Stadium lässt sich die Entwickelung der Parasiten im peripheren Blut verfolgen. Sie erfolgt weiter in den engsten Capillaren resp. Bluträumen der bekannten inneren Organe, wo die Wirthe, die rothen Blutkörperchen, früher oder später haften bleiben, je nachdem sie früher oder später durch die Entwickelung der Schmarotzer in ihrer Constitution geschädigt werden. Das kann schon sehr früh geschehen: dann trifft man nur die ringförmigen Jugendformen im peripheren Kreislauf. — Vergl. auch Friedrich Plehn (4), van der Scheer (32) und die Italiener.

2) Die Entwickelung einer einzelnen Generation dauert ungefähr 40 Stunden; entwickeln sich zwei neben einander, wie hier geschildert, dann scheinen sie sich gegenseitig zu beeinträchtigen, so dass die Sporulation erst nach etwa 48 Stunden eintritt.

3) An anderen Plätzen der Westküste, wo ich Erkundigungen einziehen konnte, als Fernando-Po, St. Thomé, Eloby, entwickelt sich in der Regel nur eine Generation zur Zeit. Wenigstens glaube ich das daraus schliessen zu können, dass dort eine einzige Chiningabe zur definitiven Beseitigung des Fiebers fast stets genügt.

Chinin reichlicher an und pflegte nach der Entfieberung noch einige Gramm in 2—3 mal vierundzwanzigstündigen Zwischenräumen zu geben, obgleich ich dann niemals mehr active Parasiten fand. Jedenfalls kamen auf die einzelne Malariaerkrankung nicht mehr als höchstens 6—7 grm. Inzwischen musste ich mich davon überzeugen, dass durch dieses Verfahren nur die Convalescenz verzögert wird, insofern die meisten Kranken nervös werden und oft noch Schlaf und Appetit verlieren. Die Rückfälle traten nicht seltener auf und waren nicht leichter, als später, wo bei jeder Erkrankung nur 2—3 grm zur Verwendung kamen. Gerade bei den Recidiven, die ganz besonders typisch zu sein pflegen, reichte dieses Quantum fast stets aus, gleichgültig, ob sie alle 6—4—3—2 Wochen sich wiederholten. Man erreicht durch ein solches Zurückhalten mit überflüssigem Chiningebrauch, dass die Europäer selbst in dem exceptionell ungünstigen Klima von Kamerun fast durchgehend den grössten Theil ihrer geistigen Frische und körperlichen Elasticität behalten, bis die complicirten, perniciösen Fieberformen sie dahinraffen, oder ihre Heimkehr nach Europa erzwingen.

Was sollte auch an einem intensiven Malariaherd, wie Kamerun selbst ihn darstellt, ein gänzliches Vernichten der Malariakeime durch grosse, auf Kosten des Organismus oft wiederholte Chiningaben nützen, falls es möglich wäre? Vierzehn Tage später haben sich vielleicht die inzwischen neuaufgenommenen Keime entwickelt, und ein zweiter Anfall — möglicherweise wieder mit dem schwereren Charakter eines Erstlingsfiebers könnte eintreten!

Die symptomatische Behandlung der einfachen Fieberattaquen unterschied sich in Nichts von der sonst bei hochfieberhaften Affectionen üblichen. Kohlstock (5), Fisch (1), Davidson (10) und Andere schildern sie ausführlich.

Die als Erreger der „chronischen Malaria" vielfach angesehenen sogenannten Halbmondformen bildeten in Kamerun einen ganz inconstanten Befund. Oft vergingen Reihen von Monaten, wo man sie trotz regelmässiger Blutuntersuchungen niemals antraf. Sie stellen nach meinen Beobachtungen höchst wahrscheinlich eine inactive (vielleicht dem Verfall bestimmte??) Form der Malariaparasiten dar, was mit den Ansichten zahlreicher italienischer Forscher (Golgi (29), Marchiafava (23, 24), Celli (23), Bignami (24), sowie auch van der Scheer's (32) übereinstimmt. Ich habe diese Gebilde durch viele Tage und selbst Wochen, nachdem die Anfälle überwunden waren, bei völligem subjectiven Wohlbefinden im Blut gefunden, ohne deshalb Chinin zu geben, und der Zufall wollte es, dass diese Patienten besonders lange von Recidiven verschont blieben. Einigemale fand ich ausgebildete Halbmonde in Leukocyten eingeschlossen; das zeigt den Weg an, auf welchem der Organismus sich dieser Gäste entledigen dürfte.

Die meist stark geschwächten Personen, welche solche Dauerformen allein beherbergen, mit Chinin zu behandeln, dürfte um so weniger rathsam sein, als nach den übereinstimmenden Berichten anderer Untersucher selbst grosse Gaben hier von unsicherer Wirkung sind (32, 34, 35, 9). Auch der einzige Kranke, bei welchem sich die eigentliche „Laverania" — die grosse, geisselführende Form (7, 10, 11) — neben den Halbmonden fand, hielt sich danach ganz besonders lange recidivfrei, ohne Chinin bekommen zu haben —

Wie schon Kohlstock (5) hervorhebt, soll das Chinin in grösseren Gaben ganz ausschliesslich angewandt werden, wenn sich die activen kleinen endoglobulären Parasiten im Blut finden. Hält man sich hieran, so werden Misserfolge kaum eintreten, und damit wird auch die Versuchung, das Heil in excessiv hoher Dosirung zu suchen, von selbst fortfallen. —

Dabei ist es allerdings sehr wichtig, dass man sich der Aufnahme des eingeführten Chinins durch den Organismus versichert. Es scheint, dass die Resorption des Medicaments seitens der Schleimhäute des Verdauungskanals in den schweren Tropenfiebern oft eine mangelhafte ist, auch wenn ein starker Reizzustand sich nicht durch heftiges Gallenbrechen und blutig-seröse Stühle kundthut, wie das in Kamerun häufig der Fall ist. Hier verdient die Methode der intramuskulären Chinininjection mehr Beachtung, als sie bisher bei den deutschen Tropenärzten gefunden zu haben scheint. Zur Verwendung kam ausschliesslich das Chininum bimuriaticum, wie es die Kade'sche Oranien-Apotheke zu Berlin in zugeschmolzenen Glaskölbchen à 0,5 und 1,0 g in 1, bezügl. 2 g Wasser gelöst, zum Gebrauch fertig liefert. Die angewandten Spritzen (Windler-Berlin) führen Asbestkolben, dienten ausschliesslich der Chinininjection und wurden vor jedesmaligem Gebrauch durch Kochen in Wasser sterilisiert. Sie sind mit Platin-Iridiumnadeln armirt. Die Einspritzung geschah in die Glutealmuskulatur — zuweilen in den Supra- oder Infraspinatus. Nachdem die Haut durch Abreiben mit Aether und mit Carbol- oder Sublimatlösung desinficirt war, wurde die Nadel senkrecht aufgesetzt, bis zu einer Tiefe von mindestens 3 cm eingeführt, und dann der Inhalt der Spritze mässig schnell entleert. Massirt wurde nicht. Der Schmerz ist bei guten Instrumenten und einiger Geschicklichkeit in der Ausführung sehr mässig; jedenfalls geringer, wie nach den Levin'schen Sublimatinjectionen. Bei weit über 200 Einspritzungen sah ich zweimal Röthe und Schwellung in der Gegend der Injectionsstelle, starke Schmerzhaftigkeit auf Druck und vorübergehende Temperatursteigerung. Doch gingen die Entzündungserscheinungen rasch zurück, ohne dass es zu Suppuration oder Nekrose kam, und es bildete sich ein kleiner harter Knoten, der noch einige Zeit druckempfindlich blieb. Einmal brach bei einem schwer delirirenden Kranken die Spitze der damals angewandten Stahlnadel ab. Zehn Tage lang blieb die Injectionsstelle reactionslos; dann bildete sich unter leichter Fieberbewegung ein Abscess, aus welchem durch Incision eine Partie nekrotischen Muskelgewebes entleert wurde, worauf er bei Drainage rasch heilte. In den übrigen Fällen bestand die Reaction entweder in einer leichten Empfindlichkeit beim Sitzen auf der betreffenden Stelle vom 3.—6. Tage, oder es fehlte auch diese so vollkommen, dass der Reconvalescent z. B. am dritten Tage ohne Beschwerden zu reiten vermochte. Was den Heileffect anlangt, so habe ich durchgehend den Eindruck gehabt, dass die Chininwirkung bei intramuskulärer Application eine energischere ist, wie bei innerlichem Gebrauch. Die italienischen Forscher in Rom kamen schon früher zu demselben Ergebniss. (Im Heiligengeist-Hospital daselbt, wo ich 1894 Studien zu machen Gelegenheit hatte, bestand die typische Behandlung damals in je einer Chinininjection von je 1 g morgens, mittags und abends.) — Das Verfahren beim Aufnehmen der Lösung aus dem Glaskölbchen brachte es mit sich, dass 0,1—0,2 auf das Gramm Chinin verloren gingen. Dennoch war die Wirkung des Restes so vollkommen, dass ich mich mit den 0,8—0,9 grm pro dosi et die zuletzt immer be-

genügte. — Bei der hypodermatischen Injection scheint die Wirkung nach mündlicher Mittheilung von Friedrich Plehn unsicherer zu sein; jedenfalls kommen dabei öfters Nekrosen und Abscesse vor. — Sehr bemerkenswerth ist es, dass im Gegensatz zu der prompten Heilwirkung der intramuskulären Chinininjection, die subjectiven Chininbeschwerden dabei viel geringer sind, als bei der Aufnahme des Chinins per os. Ein grosser Vorteil ist schon, dass die Belästigungen seitens der Verdauungsorgane natürlich ganz fortfallen; nur deutlicher Chiningeschmack tritt nach 10—15 Minuten ein, und beweist, dass die Resorption rasch vor sich geht. Aber auch das Nervensystem scheint weniger stark irritiert zu werden. Ich kann die allgemeine Versicherung, dass der „Chininjammer", bis auf etwas Taubheit und Ohrensausen, nach der Injection von selbst $1^1/_2$ g fast ganz fehlt, aus Erfahrung am eignen Leibe durchaus bestätigen. Man wird daraus schliessen dürfen, dass ein Theil der cerebralen Erscheinungen reflectorisch durch Reizung der Magenschleimhaut ausgelöst wird. Viele Patienten bevorzugten infolge dieser geringen Reaction die intramuskuläre Applikation auch da, wo Chinin prophylactisch angewandt wurde.

Von den ganz schweren Formen der Malaria verdient kurze Berücksichtigung zunächst ihre Verbindung mit Insolation. Anfangs beherrschte letztere ganz das Krankheitsbild: Somnolenz mit stertorösem Athmen oder auch rasende Kopfschmerzen mit Sinnestäuschungen und Bettfluchtversuchen; dabei kleiner, frequenter, flatternder Puls, der sofort erforderte, dass man das Herz excitierte, obgleich die Temperatur zuerst unter 39° blieb. Parasiten fand ich zu dieser Zeit noch nicht; sie zeigten sich erst, wenn in den nächsten Tagen typische Malariaattacken auftraten, die durch beständig drohende Herzschwäche und schwere cerebrale Erscheinungen vor den gewöhnlichen sich auszeichneten. Erst jetzt wurde Chinin angewandt; vorher behandelte ich mit kühlen Bädern bei thunlichster Abkühlung des Kopfes, mit Aether- und Campherinjectionen, ohne vor einer mässigen Morphium- oder Chloralgabe, auch bei drohender Herzschwäche zurückzuschrecken. (Seit übrigens hier ganz allgemein für strengeren Schutz des Kopfes gegen intensive Sonnenbestrahlung gesorgt wird, sind jene Krankheitsbilder fast verschwunden). —

Ganz ähnlich wurde bei den algiden und choleraähnlichen Erkrankungen verfahren, nur dass ich hier, anstatt der kühlenden Bäder heisse, oder auch heisse Einpackungen geben liess. Die furchtbaren Angstzustände und kaum erträglichen Kardialgien machen bei dieser quälendsten, aber glücklicherweise seltnen Krankheitsform ausgiebige Anwendung von Narcoticis nötig. Auch bei Cyanose, wenn der Puls kaum fühlbar war und Collapstemperaturen vorherrschten, haben 1 bis 2 cg Morphium subcutan unter reichlicher Anwendung von Excitantien niemals Schaden gebracht, während sie für die bedauernswerten Kranken, die manchmal noch von entsetzlichen Muskelkrämpfen gepeinigt werden, eine wahre Wohlthat sind. Die meist sehr heftigen Darmerscheinungen wurden nur günstig dadurch beeinflusst. Die Entleerungen waren nicht copiös, wie bei Cholera, sondern es wurde nur wenig blutig gefärbte, wässerige Flüssigkeit geliefert, und die ausserordentliche Zahl der Stühle war zum Theil fraglos durch die furchtbare Angst verursacht, welche energische Männer stöhnen und jammern liess. Wenn dann die Temperatur gestiegen war und wieder zur Norm zurückkehrte, so trat die Chininbehandlung in ihre Rechte. Doch war in der Dosirung besondere Vorsicht nötig, da Neigung zu neuem Collaps fortbestand.

Später, nachdem der zweite Anfall glücklich überwunden und zum zweiten Male Chinin gereicht war, erholten sich die Kranken so schnell wie nach einem gewöhnlichen Fieberanfall. Freilich mussten sie bald darauf wegen anderer schwerer Fieberformen Heimatsurlaub antreten, bezüglich aus dem Kolonialdienst ausscheiden.

Es giebt Fälle, wo die Hartnäckigkeit der dann meist vierzehntägigen Recidive jeder Behandlung spottet; immer wieder, immer wieder bekommen die geplagten Dulder ihre schweren Doppelanfälle, zur eigenen Verzweiflung und zur Verzweiflung des Arztes, der versucht wird, zu immer grösseren, immer länger fortgesetzten Chiningaben zu greifen, — und doch ohne Erfolg. Ich probierte es dann mit der Chininprophylaxe, wie ich sie 1886 in Java erfolgreich anwandte (10), wie sie dann Gräser (11), Schellong (19) und Andere, wenn auch in etwas abweichender Form, gebrauchten, und wie sie später von Zahl (20), der sich von ihrer Wirksamkeit in Indien überzeugt hatte, schon in Kamerun geübt wurde. (Mündliche Mitteilungen aus zweiter Hand). Siebentägig wurde ein Gramm gegeben. In einzelnen Fällen war eine günstige Wirkung unverkennbar: in anderen erkrankten die Inficierten am Chinintage selbst oder am Tage zuvor mit der gewöhnlichen Heftigkeit. Der Zwischenraum war also für die hiesigen Fieber zu gross.

Da es mir nun wegen der üblen Nebenwirkungen auf Nervensystem und Verdauungsapparat nicht wünschenswert erschien, öfter ein ganzes Gramm zu geben, so versuchte ich es zunächst mit $\frac{1}{2}$ g fünftägig, und zwar mit ganz überraschendem Erfolg. — Ich wiederhole: Gerade in verzweifelt hartnäckigen Fällen, wo schon Heimsendung in Frage kommen konnte, wurde Chinin so gebraucht. Die Wirkung war, dass die bis dahin vierzehntägig wiederkehrenden Doppelfieber viele Wochen, oder selbst Monate fortblieben, und die elenden Kranken sichtlich aufblühten. Kam es schliesslich doch zu einem Anfall, so verlief derselbe wesentlich leichter, meist ohne Erbrechen mit niedrigeren Temperaturen und viel geringeren subjectiven Beschwerden. Besonders häufig trat an Stelle der typischen zwei Anfälle nur einer auf, und es genügte demgemäss eine einzige Chinindosis zur Heilung. Eine gesteigerte Widerstandskraft der Parasiten, etwa infolge von Gewöhnung an das Medicament, wurde durchaus nicht constatirt. Dieselben zeigten sich im Gegenteil weniger lebensfähig, insofern kleinere Gaben zu ihrer Vernichtung meist ausreichten.

Eine in den englischen Colonien der Afrikanischen Westküste als „Malariatyphoid" bezeichnete Krankheit, welche hier in der Trockenzeit bei den Schwarzen vorkam, und die ich letzhin auch zweimal bei Europäern sah, übergehe ich, da sie dem echten Abdominaltyphus jedenfalls sehr nahe steht, wo nicht mit ihm identisch ist. Mit Malaria-Plasmodien hat dieselbe jedenfalls nichts zu thun[1]). Weder im peripheren, noch im Milzblut konnte ich trotz sehr zahlreicher Untersuchungen die sonst nie fehlenden Parasiten nachweisen, und demgemäss blieb auch die anfangs geübte forcierte Chinintherapie stets völlig wirkungslos. Dass trotzdem eine gleichzeitige Infection auch mit dem Malariaplasmodium vorkommen kann, versteht sich natürlich von selbst.

---

1) Dasselbe gilt nach meiner Ansicht von einem grossen Theil der von Werner (21) und Martin (22) beschriebenen ähnlichen Fälle.

Am schwersten heimgesucht wird Kamerun durch die Complication des einfachen Malariafiebers mit Zerstörung der roten Blutkörperchen, deren Zerfallsprodukte die Nieren ausscheiden müssen, wenn Leber und Darm dazu nicht mehr ausreichen. Das Hämoglobin der Erythrocyten giebt dem Urin die characteristische dunkelblutrote oder tief schwarze Farbe, während ein mehr oder weniger intensiver Icterus die zweite Haupterscheinung des gefürchteten Schwarzwasserfiebers ausmacht.

In den allerschwersten Fällen ist derselbe nur auf den Skleren sichtbar, und die Haut erscheint fahlgrau, wie bei einer verblutenden, septischen Wöchnerin (Fall No. 22). In den weniger foudroyanten Fällen ist der Ikterus am stärksten entwickelt und kann hier Grade erreichen, wie man sie sonst bei akuter gelber Leberatrophie und bei Phosphorvergiftung sieht. Er tritt sehr schnell auf; meist ist er wenige Stunden nach Beginn des Schüttelfrost deutlich und hat mit Beginn des Fieberabfalls seine grösste Intensität erreicht. Rasch wie er gekommen, verschwindet er auch wieder, und schon wenige Tage später ist die Hautfarbe zu dem gelblichen Hellgraubraun zurückgekehrt, das dem Europäer in Kamerun eigenthümlich ist. Die Skleren bewahren die ikterische Farbe etwas länger.

Das Nierenepithel dürfte stets alterirt sein, da die normale Niere wenigstens die im normalen Kreislauf vorkommenden Albuminstoffe zurückhält. Ob man die Veränderungen jedesmal als „Nephritis" auffassen will (4, 7), ist vielleicht Geschmackssache. Das Coagulum, das nach Kochen mit einigen Tropfen Essigsäure mehr als zwei Drittel der Flüssigkeitssäule im Reagenzglas einnehmen kann, nachdem eine Stunde zuvor normaler, eiweissfreier Urin entleert wurde, fehlte manchmal nach weiteren 10 Stunden wieder vollkommen. (Vergl. Fall 15, 26, 29, 31.) Seine Farbe variirte zwischen der eines dunklen Milchkaffee und der von tiefschwarzem Kaffeesatz. Eine leicht bräunliche Verfärbung des beim Kochen mit Essigsäure gebildeten Niederschlags, oder des feinblasigen Schaums liess die Fortdauer der Hämoglobinausscheidung am längsten verfolgen. Ein Theil des Coagulum sammelte sich stets an der Oberfläche der Flüssigkeit und konnte dort beim Erkalten zu einer festen Decke erstarren. Zuweilen löste sich auch das überreichliche Coagulum wieder rasch bei Zusatz einiger weiterer Tropfen Essigsäure, oder bei längerem Kochen. (Vergl. Fall 30.) Einmal überraschte es, einige Tage im watteverschlossenen Reagenzglas aufbewahrt, durch leuchtend purpurrothe Farbe. Stets war die Reaction des stärker hämoglobinhaltigen Urin alkalisch – offenbar durch Beimischung von Blutsalzen. Eine Analyse der Ausscheidungsprodukte zu machen, war ich nicht in der Lage. Jedenfalls verhielt der Urin sich bei den einzelnen Kranken verschieden und chemisch wesentlich anders wie bei typischer Nephritis. Wenn man weiter berücksichtigt, dass in gewissen Fällen (vergl. Fall 5, 6, 11, 15, 16, 17, 18) das specifische Gewicht des Urins, auch bei stark verminderter Quantität, sehr niedrig sein kann (vergl. auch Murri 14) und die charakteristischen Cylinder dann nicht vorhanden sind, so muss man zugeben, dass Hauptsymptome der Nephritis hier fehlen. Ich bin geneigt, anzunehmen, dass die Zerfallsproducte des Blutes ausgeschieden werden können, ohne die Nieren bis zur Entzündung zu reizen, während in anderen Fällen, namentlich bei unzweckmässigem Verhalten des Kranken, schwere Nierenentzündung bewirkt wird.

Eine solche kann rasch entstehen; dann hat der Urin gleich anfangs normales oder erhöhtes specifisches Gewicht und das Sediment enthält Cylinder. Oder aber, sie tritt später auf, wenn die Hämoglobinfärbung des Urins schon ganz, oder fast ganz, verschwunden ist. Dann vermindert sich die bis dahin vielleicht reichliche Urinmenge; das specifische Gewicht erhebt sich zur Norm und darüber; die Menge des jetzt gelblichweissen Eiweissniederschlags steigt rasch, und im Sediment erscheinen die bis dahin fehlenden Cylinder. Hier könnte man von „secundärer Nephritis" sprechen. Auch sie heilte unter zweckmässiger Behandlung meist sehr schnell, und nach wenigen Tagen bewiesen überreiche Mengen eiweissfreien Urins von niedrigem specifischen Gewicht, dass der Kranke in die volle Convalescenz getreten war. Nur einmal bestand die Störung noch nach Wochen, als der Patient heimkehrte (Fall 1).

Merkwürdig ist die Beschaffenheit des spärlichen Fluidums, welches in Fällen von Anurie vorübergehend entleert wird. Die Farbe war grünlich-strohgelb, manchmal deutlich fluorescirend, vergl. Fisch (1); der Albumingehalt wechselte; zuweilen war er ganz gering, auch wenn in 24 Stunden keine 50 cbm gelassen wurden. Das spec. Gew. war subnormal — einmal bis zu 1005 verringert, — und auf dem Filter fehlten Formelemente, die den Nieren entstammen konnten, vollkommen, bis eventuell reichlichere Diurese erfolgte. Wahrscheinlich ist die Nierensekretion hier durch ähnliche Veränderungen ausgeschaltet, wie sie bei der asiatischen Cholera vorkommen. Eine Verstopfung der Harnkanälchen mit Blutkörperfragmenten oder Parasitenpigment liess sich in frischen Rasiermesserschnitten jedenfalls nicht bemerken, und Beides fehlte auch constant in der zu verschiedenen Zeiten entleerten Flüssigkeit. Ueberhaupt war ein stärkeres Sedimentiren des Urins auch bei Oligurie eine Seltenheit und nie wurden Formelemente gefunden, welche dem Blut entstammen konnten oder auf Parasiten zurückzuführen waren. Zuweilen zeigte das spärliche Sekret bei Anurie Schleimgehalt; es dürfte also z. Th. von dem Epithel der unteren Harnwege und den damit zusammenhängenden Drüsen geliefert werden.

Ausgesprochene urämische Erscheinungen fehlten, auch bei vieltägiger Dauer fast completer Anurie. Höchstens könnte ein leichter Stirnkopfschmerz, der manchmal vorkam, auf Urämie bezogen werden. Erbrechen war nicht constant. Knöchelödem sah ich niemals; ebensowenig kamen Krämpfe oder Bewusstseinsstörungen vor. Die Prognose war sehr ungünstig, wenn auch keineswegs absolut infaust.

Auf Gallenfarbstoff wurde der Urin aller Schwarzwasserfieberkranken mehrfach untersucht; doch fiel die Probe bis auf einen Fall, der sich auch sonst besonders verhielt, stets negativ aus (No. 35).

Was die Blutveränderungen selbst anlangt, so habe ich selbst im acutesten Stadium der Krankheit eine grössere Neigung der rothen Blutkörperchen zur Gestaltsveränderung oder zum Zerfall, als sie die zufällig im Hospital befindlichen Reconvalescenten zeigten, unter dem Mikroskop nur bei 3 von 12 Schwarzwasserfieberkranken nachweisen können. Zum Vergleich wurden zwei Thoma-Zeiss'sche Zählkammern mit den beiden Blutproben in der gewöhnlichen Weise beschickt, die beiden Gesichtsfelder (Quadratennetz und Blutkörperchen) genau gezeichnet und alle Viertel- bis Halbestunde die Zeichnungen mit den entsprechenden Bildern unter dem Mikroskop verglichen. Dreimal veränderten sich die Erythrocyten des Schwarzwasserfieberkranken ausserordentlich rasch, und zwar nahmen sie nicht die typische Stechapfelform an, sondern erschienen wie radiär um das Centrum gefaltet, oder über die Fläche gewellt. Die Controllversuche bewiesen, dass die Technik die Veränderungen nicht verschuldete. Ausserdem habe ich, wenn immer thunlich, den möglichst genau bestimmten Hämoglobingehalt zur Blutkörperzahl in Beziehung gesetzt, und fast immer, wie bei allen anderen Gesunden und Kranken ein sich völlig entsprechendes Verhältniss beider zur Norm gefunden: besonders wenn man berücksichtigt, dass der im Serum gelöste Farbstoff der zerfallenen Blutkörper das Verhältniss etwas zu Gunsten des Hämoglobin zu verschieben pflegt, und dass umgekehrt im Beginn intensivster Blutneubildung, die Blutkörperzahl im Verhältniss zum Hämoglobingehalt (9) etwas vergrössert zu sein scheint (Fall 3, Fall 35 und andere). Es gab aber auch Fälle, wo dies zur Erklärung der Differenzen nicht ausreichte, und wo die unverhältnissmässig geringe Blutkörperzahl sich nur durch ihren raschen Zerfall infolge verringerter Widerstandskraft bei den üblichen Methoden erklären liess. Hier fanden sich dann auch Schatten; sehr selten andere Bruchstücke von Erythrocyten (Fall 35). Die Untersuchungen über diese Verhältnisse können aber noch keineswegs als abgeschlossen gelten, sondern werden eifrig fortzusetzen sein. Als ein Zeichen dafür, dass die Blutconstitution Schwarzwasserfieberkranker eine sehr labile geworden ist, gilt es mir ferner, dass die Plasmodien führenden Blutkörper sehr früh aus der Circulation verschwinden. Man trifft dann im peripheren Blut oft nur die kleinsten Jugendformen an, was ich Friedrich Plehn (4) in diesem Sinne nur bestätigen kann[1]).

Wenn der rasch wachsende Hämoglobingehalt auf energische Blutneubildung schliessen liess, dann zeigten sich vielfach Megalocyten und Mikrocyten und einigemale kernhaltige rothe Blutkörperchen. Die letzteren dürften viel häufiger vorgekommen sein, aber die Zeit zum Färben und Untersuchen der Präparate war nicht immer vorhanden: einmal liessen die Kerne sich sehr zahlreich im ungefärbten Präparat erkennen.

---

[1]) Die hochinteressanten Experimente Murri's, welcher eine verminderte Widerstandskraft in seinem als „Chininvergiftung" bezeichneten Falle nicht nachweisen konnte, wie auch ich bei der überwiegenden Mehrzahl meiner Kranken, war ich leider nicht zu wiederholen im Stande, da Murri's Veröffentlichung erst am Ende meiner Thätigkeit in Kamerun in meine Hände gelangte, als diese Arbeit abgeschlossen war.

Verschiedentlich kamen Blutungen vor. So besonders in die Pleura, Magen- und Darmschleimhaut. Einmal ins Perikard; einmal ins Unterhautzellgewebe und in den Thalamus opticus; einmal in die Retinae. Ausser bei No. 28, wo vom Kranken persönlich glaubwürdige Angaben über umfangreiche Magen- und Darmblutungen intra vitam gemacht wurden, trat diese Erscheinung nach dem Bericht des Lazarethgehülfen in noch viel schwererer Form bei einem Unterofficier der Schutztruppe auf, dessen Schwarzwasserfieber in 36 Stunden tödtlich verlief.

Ursprünglich lag es nahe, im „Schwarzwasserfieber" mit seinen ganz eigenartigen Erscheinungsformen und seinem oft so verhängnissvollen Verlauf eine Krankheit sui generis zu suchen und einen specifischen Erreger dafür zu vermuthen. Diese Annahme wurde dadurch gestützt, dass nach übereinstimmender Aussage Derer, welche die westafrikanische Küste lange kennen, das Schwarzwasserfieber im Kamerungebiete vor 15 Jahren völlig unbekannt gewesen zu sein scheint. [Vergleiche auch Friedrich Plehn (40.] Man nahm daher vielfach an, die Krankheit sei aus den portugiesischen und französischen Kolonien eingeschleppt worden, wo man sie viel länger kennt. [Ich glaube, dass ihr Auftreten und ihre Verbreitung in Kamerun mit dem Uebersiedeln der Europäer aus den schwimmenden Faktoreien, den sogenannten „Hulks" im Fluss, nach dem Ufer zusammenhängt, und mit den durch das Niederlassen an Land unabweislichen Kulturarbeiten am Kai und im Boden (vergl. Jacobi 38).] Zudem glückte es häufig nicht, die charakteristischen Malariaparasiten beim Schwarzwasserfieber nachzuweisen (4, 9, 15, 18, 27), und die Wirkung des Chinin war eine mehr als fragliche.

Die Erklärung hat sich inzwischen ergeben: In allen Fällen ohne Ausnahme sterben die aktiven Parasitenformen während des Blutkörperzerfalls ab. Wahrscheinlich betrifft die Zerstörung zunächst die Blutkörper, welche in ihrer Constitution durch die Invasion der Schmarotzer erschüttert sind. Letztere gehen dann im veränderten Plasma unter. Die Schnelligkeit und Vollständigkeit ihrer Vernichtung hat gewisse Beziehungen zur Schwere und Dauer des Anfalls. Schon nach weniger als zwölf Stunden können alle Parasiten verschwunden sein, während Hämoglobinurie und Fieber noch kurze Zeit fortdauern mögen, denn der Blutzerfall bleibt nicht auf die nachweisbar mit Parasiten beladenen Körperchen beschränkt. In leichteren, etwas protrahirten Fällen traf ich Plasmodien noch am zweiten Tage; dann trat aber stets, meist schon vor dem Cessiren der Hämoglobinurie, völlige Entfieberung ein, ohne dass ein Körnchen Chinin gegeben wurde. Nur der rasch tödtliche Fall (22) machte eine Ausnahme.

Einmal fand ich Halbmondformen, nachdem Fieber und Hämoglobinurie vorüber waren. Sie scheinen also der Blutveränderung standzuhalten und wahrscheinlich ist das die Ursache, dass sie in einen ätiologischen Zusammenhang mit dem Schwarzwasserfieber gebracht wurden, den sie nicht haben. [Fisch (1)-Steudel (6).] Aber es muss noch andere inaktive Dauerformen geben, welche wir noch nicht kennen. Diese scheinen sich in manchen Fällen entwickelungsfähig zu erhalten, wo die aktiven Formen untergingen, und sind dann im Stande, nach einiger Zeit neue Malariafieber, bei fortbestehender Disposition und entsprechender Gelegenheitsursache auch Schwarzwasserfieber wieder hervorzurufen. Die vom Herbst 1894 bis Frühjahr 1895 Erkrankten blieben lange recidivfrei. Später, in besonders ungünstiger Zeit (Herbst 1895) erkrankten die Leute zum Teil häufiger von Neuem. Da sich aber eine neue Infection des Körpers von ausserhalb in Kamerun niemals ausschliessen lässt, so muss man auf die Fälle von Schwarzwasserfieber zurückgreifen, welche garnicht selten nach Verlassen des Malariaherdes an Bord der Schiffe oder in Europa vorkommen, wenn man prüfen will, ob die Malariakeime durch ein Schwarzwasserfieber vollkommen vernichtet werden.

In zwei Fällen, über welche ich Nachricht habe, war dies der Fall. Ebenso blieben einige Reconvalescenten, welche nach schwerem Schwarzwasserfieber aus dem Hospital direct an Bord geschafft wurden, ganz ohne die sonst bei dem Klimawechsel nach Europa so häufigen Malariarecidive.

Die Parasiten unterschieden sich beim Schwarzwasserfieber während meiner Beobachtungszeit in nichts von denen der uncomplicirten Malaria hier. Nur zuweilen führten sie kein Pigment, nachdem sie die Mitte ihrer Entwickelung überschritten hatten; oft freilich verschwanden sie schon vorher aus der peripheren Circulation. Aber sie unterschieden sich scharf von den Erregern der heimathlichen Intermittens, wie sie in Deutschland zuerst Friedrich Plehn (25), dann Quincke (26), Bein (30), Rosin (33), Ruge (31) und Andere schilderten. Diesen entsprechen auch die von Councilman (34) in Baltimore, Dock (35) in Galvestone (Mexiko), van der Scheer (32) im Holländischen Indien beobachteten Organismen, welche ich in vereinzelten Fällen in Rom, dann auch bei Fieberkranken aus Vorderindien, Florida, Brasilien und Russland[1], sowie einmal bei einem Europäer im Kamerungebirge fand. Die Italiener haben diese Formen schon vorher als Ursache der Malaria „primaverilis" oder „invernalis" beschrieben (23, 24, 28, 29, 37); Mannaberg (9) sah sie bei seiner gutartigen Tertiana und van der Scheer (32) bezeichnet sie als die Erreger der Tertiana und Quartana in Holländisch Indien.

Wenigstens morphologisch nahe scheinen dagegen die Afrikaplasmodien den von den italienischen Forschern (23, 24, 36) als charakteristisch für die „Febris estivo-autumnalis" beschriebenen Parasiten zu stehn, welche während meines Aufenthalts in Rom den regelmässigen Befund bildeten. Mannaberg (9) scheidet sie in „pigmentirte Quotidianparasiten", „unpigmentirte Quotidianparasiten" und „maligne Tertianparasiten", während van der Scheer (32) diese Formen ganz allgemein Quotidianplasmodien nennt, obgleich er ihre Entwicklungszeit als zwischen 24—48 Stunden schwankend angiebt. Ich traf dieselben ganz ausschliesslich in Kamerun und ausserdem bei einem Matrosen vom Congo[2].

[1] Die Möglichkeit, diese Beobachtungen zu machen, wurde mir durch die Liberalität des Herrn Dr. Laurnstein geboten, welcher die Liebenswürdigkeit hatte, mir dazu in dem seiner Leitung unterstellten Seemannskrankenhause in Hamburg Gelegenheit zu geben. Ich beeile mich, demselben an dieser Stelle meinen verbindlichsten Dank auszusprechen.

Zu ganz besonderm Dank bin ich aber den Herren Professor Bastianelli und Dr. Dionisi, sowie dem Director des Heiligengeist-Hospitals in Rom, Professor Marchiafava verbunden. Während letzterer mir das reiche Material seines Krankenhauses für meine Studien zu benutzen gestattete, verdanke ich es der freundlichen Anregung und Unterweisung der beiden Erstgenannten zunächst, wenn ich meine Untersuchungen in Kamerun mit einiger Sachkenntniss beginnen konnte. Es ist mir eine ehrenvolle Pflicht, das hier ausdrücklich auszusprechen.

[2] Ich möchte hier bemerken, dass ich gegenüber den Versuchen, die „Quartanparasiten" von den „Tertianparasiten" auf Grund des bisher Erbrachten,

Ob im einzelnen Falle anstatt einer einfachen Malariafieberattaque ein Schwarzwasserfieber ausbricht, das hängt, die Infection mit dem Afrikaplasmodium vorausgesetzt, ausser der örtlichen und zeitlichen, wesentlich von der persönlichen Disposition ab.

Das Wesen der örtlichen Disposition mit bestimmten Bodenverhältnissen in Zusammenhang zu bringen, oder die zeitliche von besonderen meteorologischen Erscheinungen abhängig zu machen, war während der Zeit meiner Beobachtungen unmöglich.

Nur das schien im Allgemeinen bemerkbar, dass an den Lokalitäten, wo die uncomplicierten Fieber besonders häufig und schwer sind (zum Beispiel auf der Jossplatte und dem angrenzenden Flussufer), auch die Schwarzwasserfieber öfter vorkommen. Weiter sah man in den Uebergangsperioden von der Trocken- zur Regenzeit und umgekehrt, wo fast täglich Regengüsse mit heller Sonnenbestrahlung wechseln, so dass eine besonders lebhafte Wasserverdampfung vom Boden aus stattfindet, die Schwarzwasserfieber mit den einfachen Malariafällen zugleich sich vermehren. Manchmal wuchs ihre Zahl unverhältnissmässig stark, wie im September 1895, als in Kamerun selbst, bei einer europäischen Bevölkerung von etwa 70 Seelen, ausser 30 Erkrankungen an einfacher Malaria, 14 Schwarzwasserfieber vorkamen. Sonst war das Verhältniss nach Friedrich Plehn (4) 1:11—12, vom März 1893 bis September 1894, während meiner Beobachtungszeit — October 1894 bis März 1896 1:8,5, wobei noch besonders ins Gewicht fällt, dass diese letzten Zahlen nur der Statistik von Beamten und Soldaten entnommen sind, also auch die schwächsten Malariafieber mitgezählt wurden. Das Zahlenverhältniss war 43:368.

---

als feststehenden Typus zu trennen, sehr skeptisch bin. Auch kann ich Mannaberg (9) bei seinem Unternehmen, die kleine Parasitenform im obenbezeichneten Sinne in drei Unterabtheilungen zu scheiden, nicht folgeleisten, sondern möchte annehmen, dass es sich um das Vorhandensein nur einer, oder gleichzeitig zweier Generationen des kleinen Estivo-autumnalis-typ's handelte, der nach Ort, Zeit und individuellen Eigenthümlichkeiten seines Wirthes einigermaassen variiren dürfte. — Celli und Marchiafava (37) sowie van der Scheer (32) scheinen sich bereits dieser Ansicht zuzuneigen, und vielleicht ist es nur eine Frage der Zeit, dass die Zusammengehörigkeit aller der verschiedenen Gestalten als Glieder einer veränderlichen Species wird erwiesen werden, indem sich die Uebergangsformen und Zwischenstufen finden.

Die Hauptrolle spielt die persönliche Disposition. Das beweisen schon die zahlreichen Erkrankungen und selbst Todesfälle von Afrikanern, lange nachdem sie nach Europa zurückgekehrt sind. Fälle, wie sie Friedrich Plehn berichtet, wo Besucher von Kamerun nach einigen Wochen ihre Fieberreihen mit einem Schwarzwasserfieber anfangen (4), zeigen, dass entweder eine weitgehende Disposition zum Blutzerfall schon von Hause mitgebracht werden kann, oder dass die Infektion unter besonderen Umständen eine solche Wirkungskraft erlangt, dass sie auch über eine widerstandsfähige Blutconstitution triumphirt. Ich habe Aehnliches nicht beobachtet, sondern, wie auch Fisch, immer wieder gefunden, dass ein Schwarzwasserfieber innerhalb der sechs ersten Monate Kamerunaufenthalt zu den Seltenheiten gehört. Trat es schon so früh auf, so gab eine sehr grosse Zahl sehr irrationell behandelter einfacher Fieber eine Erklärung dafür; denn, abgesehen von der Länge des Aufenthalts an der afrikanischen Westküste, ist es eine grössere Zahl durchgemachter Fieber, welche hier früher oder später, wohl stets die individuelle Disposition schafft. Sehr verbreitet ist die Anschauung, dass reichlicher Chiningebrauch eine solche Veranlagung befördere, und man hat infolge dessen manchmal mit einer gewissen Chininscheu, auch bei gewöhnlicher Malaria zu kämpfen.

Ich konnte für die Berechtigung obiger Annahme keine Anhaltspunkte gewinnen, und möchte nur dringend empfehlen, jede uncomplicirte Malaria **nach den oben dargelegten Grundsätzen** mit Chinin thunlichst gründlich zu vernichten. Das ist in erster Linie ein Mittel, um zu verhüten, dass sich Neigung zum Blutzerfall entwickelt. Der oben besprochenen Chininprophylaxe dürfte es in diesem Sinne vorbehalten sein, hier noch eine Rolle zu spielen.

Chronisch Inficirte gelten auch als disponirt für Schwarzwasserfieber, wenn Temperatursteigerungen bei ihnen nur in geringer Höhe und selten vorkommen, während der Hämoglobingehalt des Blutes trotzdem bis unter die Häfte, ja in einem Falle bis auf ein Drittel des Normalen sinken kann. Selbst Bastianelli (15) vermuthet einen Zusammenhang zwischen der durch chronische Malariainfection entstandenen Anämie und dem Schwarzwasserfieber. Ich konnte nicht finden, dass besonders stark Anämische wesentlich mehr bedroht seien. Jedenfalls sind die Wenigen, bei welchen der Hämoglobingehalt des Blutes die in Kamerun auch bei bestem Wohlbefinden, gewöhnliche Reduction auf $^3/_4$—$^2/_3$ des Normalen nicht ganz erfährt, keineswegs gesichert. Immerhin wird es gut sein, schwere derartige Anämien zu bekämpfen, denn dass die daraus entstehenden kachektischen Zustände schliesslich perniciösen Fiebern den Boden bereiten können, ist kaum von der Hand zu weisen. Ich hatte hier den besten Erfolg mit Chinin — wieder fünftägig à $^1/_2$ g gegeben, sei es combinirt mit Arsen und Eisen oder nicht.

Als Beispiel diene folgender Fall:

S., Bureaubeamter, anfang der Zwanziger, herkulische Gestalt; bei seiner Ankunft rosiges Gesicht; war vom 13. III. 1895—VII. 95 auf der Jossplatte thätig, ohne Fieber zu bekommen und wurde dann nach Victoria versetzt. Hier leichtes Fieber; ungefähr vier Wochen darauf ein zweites. Nahm kein Chinin. Ich sah ihn Ende Sept. 95 in Victoria; inzwischen hatte er kein Fieber wieder gehabt. S. machte einen äusserst schlaffen, indolenten Eindruck; Gesichtsfarbe livid-cyanotisch; Tremor von Gesichtsmuskeln und Händen; sonst keine Störungen des peripheren Nervensystems nachzuweisen, doch scheint S. geistig nicht ganz normal und ist zu geistiger Arbeit unfähig. Keine Oedeme, Unterschenkel mit Ulcerationen bedeckt (klimatische Erkrankung). Keine Lues. Kein Alkoholismus. Innere Organe gesund, nur Milz eben nachweisbar vergrössert. Appetit sehr wechselnd, ebenso Stuhlgang. S. liegt meist zu Hause auf dem Bett oder dem Sopha und arbeitet selten.

1. X. Ins Hospital zu Kamerun aufgenommen. Zustand unverändert. Hämoglobinprocent des Blutes 36,5[1]). Arsen und Eisen.

11. X. Einmaliger kurzer Fieberanfall. Höchste Temperatur 39,6; nach Abfall 1$^1/_2$ g Chinin; am nächsten Tage 1 g Chinin. Blieb fieberfrei und wird bald darauf entlassen. Ende Oktober kleines Fieber, hat kein Chinin genommen.

2. XI. Beingeschwüre verheilt, Gesichtsfarbe fahl. Allgemeinbefinden ziemlich gut. Hb-pCt. 33.

8. XI. Kopfschmerzen. Temp. morgens 38,3, Hb-pCt. 33. Im frischen Blut neben ausgebildeten Halbmonden eine Parasitengeneration, etwa in der Mitte der Entwickelung. (Die Urheber des beginnenden Anfalls sporuliren in den inneren Organen.) Dementsprechend am 9. XI. zweiter leichter Anfall. Jedesmal nach Sinken der Temperatur 1 g Chinin; dann weiter fünftägig $^1/_2$ g, während mit Eisengebrauch fortgefahren, das Arsen aber fortgelassen wird.

15. XI. Hb-pCt. 43.

---

[1]) Wenn hier und weiter der Hämoglobingehalt zuweilen bis auf $^1/_2$ pCt. — ich werde in Zukunft Hb-pCt. abkürzen — angegeben wird, so kommt es daher, dass stets das Mittel von mindestens 2 von einander unabhängigen, gleichzeitigen Bestimmungen mit 2 Apparaten genommen wurde. Eine Genauigkeit bis auf 2 pCt. wird sich auf diesem Wege stets erreichen lassen. Meist ist dieselbe grösser.

25. XI. Hb-pCt. 59,5. S. isst und trinkt mit bestem Appetit.
1. II. 96. Hb-pCt. 61,5. 30. III. 96: Braucht noch immer sein Chinin fort, sieht völlig verändert aus und befindet sich ausgezeichnet. Fieber hat er nicht wieder gehabt. Hb-pCt. 65.

Irgend eine schädliche Wirkung von solchen mässigen gegen chronische Infection und Anämie gebrauchten Chiningaben sah ich niemals, wenn dieselben bei völligem Wohlbefinden zu Zeiten gegeben wurden, wo die Parasiten im cirkulirenden Blute fehlten und die Temperatur normal war. Demgegenüber wurden bei 48 von 55 Schwarzwasserfiebern die Attaquen direct durch eine Chiningabe von $1/_2$—$1 1/_2$ g ausgelöst, welche ein Kranker nach typischem Fieberanfall oder wegen „Krankheitsgefühl", resp. „Unwohlsein" genommen hatte. In drei der übrigen Fälle liess sich das Chinin als Gelegenheitsursache ausschliessen; in 2 Fällen ist darüber nichts aufgezeichnet. Jedenfalls spielt das Chinin ausser den von Friedr. Plehn (4) angeführten Anlässen als Gelegenheitsursache eine hervorragende Rolle in der Aetiologie des Schwarzwasserfiebers.

Stendel (6) sagt da: Die kleinen Chininmengen stellen gewissermassen ein Reagenz auf die Erreger des Schwarzwasserfiebers dar, indem sie dieselben aus einem inactiven Zustande herausstören. In Action versetzt, sollen die Parasiten dann erst durch Gaben vernichtet werden, welche „die Grenzen der Chininvergiftung streifen." Wenn man, wie ich, die Specificität der Erreger des Schwarzwasserfiebers leugnet, so muss man sich gegen den Stendel'schen Erklärungsversuch ihres Zusammenwirkens mit Chinin von vornherein ablehnend verhalten. Mein Standpunkt steht dem Murris näher. Ich nehme an, dass durch die Einwirkung gewisser Formen des Malariagiftes die rothen Blutkörperchen Disponirter in ihrer Constitution derart verändert werden können, dass sie dem Angriff mannigfacher Schädlichkeiten, vor allem aber dem specifischen Einfluss des Chinins, nicht standzuhalten vermögen. Der Umstand, dass ich im Gegensatz zu Murri in einzelnen Fällen, wie erwähnt, eine deutlich verminderte Widerstandskraft der Erythrocyten gegen grössere äussere Schädlichkeiten fand, konnte diese Auffassung nur befestigen. —

Die zweite Stendel'sche Behauptung ist eigentlich schon durch Friedrich Plehn (4) und Kohlstock (5) an der Hand der Statistik widerlegt worden, welche zeigt, dass die Behandlung des Schwarzwasserfiebers ohne Chinin bessere Resultate liefert. Auch meine Statistik ergiebt dasselbe. Demgegenüber bezweifelt Steudel den Wert einer (naturgemäss) kleinen Statistik und vermuthet wenigstens zuletzt (Kolonialzeitung), dass die Schwarzwasserfieber in Kamerun leichter seien, als in Ostafrika, eben weil sie ohne Chinin heilten. Mir scheint im Gegentheil aus Steudel's eigenen Krankengeschichten hervorzugehen, dass der Blutzerfall bei seinen Patienten eine Nebenrolle spielte, auch wenn er länger anhielt als in Kamerun. Wie weit für den schweren Krankheitsverlauf direkt das Chinin verantwortlich zu machen ist, welches Steudel bis zu 123 g in 23 Tagen und 8 bis 10 g pro die gab — darüber mag Jeder sich seine eigene Ansicht bilden. Die Krankengeschichten No. 6 und No. 13, wie einige von Bastianelli (15) bestätigen jedenfalls, was alte Westafrikaner auch sonst nach Erfahrung am eignen Leibe erzählen: dass Fieber und Hämoglobinurie bei Chiningebrauch viele Tage und selbst Wochen dauern können. — Dagegen währte in 27 meiner Fälle, wo sich das einigermassen genau feststellen liess, das Fieber durchschnittlich 21,5 Stunden, die Hämoglobinurie 35 Stunden; von einem Fall (No. 22) abgesehen, der bis zu seinem Tode fieberte, betrug die maximale Dauer des Fiebers 48, der Hämoglobinurie 72 Stunden —

Ob deshalb das Kamerun-Schwarzwasserfieber als das leichtere anzusehen ist, das mag zunächst das Folgende zeigen: Nach der neuerdings seitens des „Auswärtigen Amtes" aufgestellten amtlichen Statistik sind seit Gründung der Colonie Kamerun bis jetzt (1. Febr. 1896) 164 Beamte und Europäische Soldaten hier thätig gewesen, wenn man diejenigen abrechnet, welche nach weniger als sechs Monaten durch gewaltsamen Tod oder wegen moralischer Unzulänglichkeit ausschieden. Von diesen starben im ganzen 25 nach einer durchschnittlichen Dienstzeit von 15,4 Monaten; und zwar an Schwarzwasserfieber 16, an Malaria (hämaturisch??) 7, an Durchfall 1, 1 in Lagos, offenbar auch an Malaria. Es schieden ferner wegen Krankheit, als dauernd tropendienstunfähig, resp. ohne nach Afrika zurückzukehren, 49 aus, nach durchschnittlich 14,1 Monaten. Davon infolge Schwarzwasserfiebers 14, infolge von Malaria (hämaturisch??) 18. — Da nur kerngesunde, ärztlich untersuchte Leute in den Kameruner Colonialdienst treten, wird man die Leiden, welche die übrigen 17 zur Heimkehr nötigten, als: Oedeme, Nervenaffectionen, Nierenentzündung etc., auch fast sämmtlich auf Malaria, und zum Theil Schwarzwasserfieber zurückführen müssen; das um so mehr, als andere Erkrankungen, auch Dysenterie, hier für den Europäer, verglichen mit Malaria, kaum eine Rolle spielen. — Von den bleibenden 90 Europäern schieden 11 aus den verschiedensten dienstlichen und persönlichen Gründen aus, ehe sie 18 Monate hier waren; 27 befinden sich seit weniger als einem Jahre in der Colonie. Die bleibenden 52 hatten eine durchschnittliche Dienstzeit von 2 Jahren, welche zwischen $1\frac{1}{2}$ und 3 Jahren schwankte. Nach genossenem Heimatsurlaub zurückgekehrt waren zur Zeit dieser Aufstellung (1. Febr. 1896) aber nur 18, allerdings einige mehrmals. — Es war also nicht der dritte Theil der Angestellten die vertragsmässigen zwei Jahre im Kamerungebiete thätig, und zwar hauptsächlich infolge der Wirkungen von Schwarzwasserfieber. Eine Statistik über die entsprechenden Verhältnisse in Ostafrika ist mir hier nicht zugänglich, aber nach dem Eindruck, welchen man durch das erhält, was man erfahren kann, spielt das Schwarzwasserfieber dort lange nicht diese verderbliche Rolle.

Weiteres möge man den folgenden Krankengeschichten entnehmen, die das Material kurz wiedergeben, welches diesem Teile meiner Ausführungen zu Grunde liegt.

I. K., Bureaubeamter. Herkulische Gestalt. Seit 7 Monaten (April 1894) in Kamerun, hat oft Fieber gehabt. Nahm am 25. und 26. X. wegen leichten Fiebers je 1 g Chinin.

27. X. morgens wieder. 11 h. a. Schüttelfrost, Erbrechen, Temp. 40,8. Icterus. Milz 18:11 cm; Leber nicht vergrössert oder druckempfindlich. Urin 70 ccm, dunkelkirschroth, durchscheinend; auf dem Filter zahlreiche Nierencylinder. Beim Kochen erstarrt die ganze Flüssigkeitssäule. Im frischuntersuchten Blut einzelne Jugendformen von Parasiten.

28. X. 9 h. a. Temp. 37,2. Allgemeinbefinden besser. Der Icterus hat zugenommen. Das Erbrechen dauert fort. Urinmenge fast 1 Liter; Farbe heller. $\frac{1}{5}$ Vol. Eiweiss[1]). Im Blut keine Parasiten.

29. X. Zustand wie gestern. Höchste Temp. 37,6. Urin reichlich; nachmittags wieder normal gefärbt; enthält $\frac{1}{5}$ Vol. Niederschlag und Nierencylinder.

---

[1]) $\frac{1}{5}$ Vol. soll bezeichnen, dass die Menge des etwa 3 Stunden nach dem Kochen mit einigen Tropfen Essigsäure mittels einer kleinen, dem Reagensglas angelegten Scala gemessenen Coagulum $\frac{1}{5}$ des Volumen der ganzen Flüssigkeitsmenge betrug. Ich werde weiter so abkürzen.

15. XI. Die Temperatur erreichte inzwischen mit kurzen Unterbrechungen noch täglich für einige Zeit 38° C. Der Icterus hat abgenommen. Eiweiss- und Cylindergehalt des Urins waren niemals ganz verschwunden.

Heute treten bei stark vermehrtem Eiweissgehalt des Urins und Temperaturen bis 40° und mehr von Neuem Parasiten auf, die nach Darreichung von $2\frac{1}{2}$ g Chinin intra musculos gluteos, vertheilt auf 2 Tage, mit der Temperatursteigerung verschwinden. — Doch wird K. der Nierenläsion wegen, im December heimgesandt.

2. Frau S., 24 Jahre, Missionarin. Seit Mai 1894 in Kamerun, Hikori-town. 8 Tage nach Ankunft Fieber, das sich alle 3—4 Tage wiederholte und oft mehrere Tage dauerte. Chinin wurde stets nur vorher à 0,5 g genommen, ohne Wirkung.

14. XI. 94. Fiebergefühl. 10 h. a. 0,5 g Chinin. 1 h. p. Schüttelfrost; wiederholt Erbrechen; hohes Fieber. 2 h. p. Urin schwarzroth, spärlich; 5 h. p. und 10 h. p. nur wenige Tropfen; dick-schwarz; dann kein Urin bis 15. XI. 7 h. a. da 100 g, schwarzbraun gefärbt. 8 h. a. Temp. noch 39,4. Schwerer Icterus. Milzdämpfung $16\frac{1}{2}$: 11 cm. 4 h. p. 100 g Urin unter Brennen entleert $\frac{1}{3}$ Vol. Coagulum beim Kochen mit Essigsäure.

16. XI. 8 h. a. 210 ccm Urin. $\frac{1}{4}$ Vol. Niederschlag; einige Cylinderfragmente. Farbe heller. Temp. 37,5; Haut dunkel citronengelb.

17. XI. Abends Urinmenge 600 ccm. Urin nicht mehr hämoglobinhaltig.

19. XI. Urinmenge normal; Eiweiss und Cylinder verschwunden. Icterus verblasst. Temp. für kurze Zeit 38,0.

24. XI. Temp. 39,1; $\frac{1}{2}$ g Chinin nach Abfall.

25. XI. Temp. bis 39,6; 1 g Chinin nach Abfall.

26. XI. Temp. blieb normal und S. hatte trotz grosser Anämie eine rasche Reconvalescenz.

Sie befand sich dann weiter wohl und concipirte. Ein kleines Fieber im Januar 1895 wurde nicht ärztlich behandelt. Juni 1895 infolge von Verletzung Abortus; im Anschluss daran Schwarzwasserfieber und Tod nach 3 Tagen (von anderer Seite behandelt).

3. Frau C., 27 Jahre alt, zart gebaut. Seit 32 Monaten in Kamerun; dazwischen 2 in Aburi, Goldküste (Erholungsstation). Hat nur leichte Fieber in geringer Zahl gehabt.

19. XII. 94. Uebelbefinden, daher 20. XII. bei normaler Temperatur morgens 0,5 g Chinin genommen. 3 h. p. Schüttelfrost; Temp. 40,7; 5 h. p. Erbrechen; Urin schwarzroth. 8 h. p. Temp. 39,0.

21. XII. $7\frac{1}{2}$ h. a. Temp. 37,0. Lippen farblos. Haut und Sklera citronengelb. Gallenbrechen. Hb-pCt. 55. Blutkörperchen 2896000. Schwacher, aussetzender Puls.

300 ccm Urin seit 20. XII. 5 h. p.; derselbe enthält beim Kochen $\frac{3}{4}$ Vol. Coagulum und ist dunkelblutroth gefärbt; keine Nierencylinder.

22. XII. Temperatur blieb normal. 6 h. a. Haut gelbgrau; Puls besser; Gallenbrechen. Urinmenge 36 ccm; Farbe etwas heller; $\frac{1}{3}$ Vol. Niederschlag. Keine Cylinder. Hb-pCt. 40; Blutkörperzahl 2648000. 6 h. p. Urinmenge 25 ccm.

23. XII. Temperatur normal. Grosse Schwäche und Unruhe. Urinmenge 6 h. a. = 0; 8 h. a. 55 ccm. Bedeutend heller, bräunlichgelb. Keine Cylinder. ¹/₃ Vol. ungefärbter Niederschlag. Blutkörperzahl 2208000.
24. XII. Haut fahlgrau; Gallenbrechen dauert an. Urin noch spärlich, schmutziggelb; ³/₄ Vol. Coagulum. Keine Cylinder. Hb-pCt. 26. Blutkörperzahl 1280000.
25. XII. Temperatur subnormal; sonst Zustand wie gestern. Blutkörperzahl 1120000.
26. XII. Schwächeanfälle. Unstillbares Gallenbrechen. Urinmenge 6 h. a. bis 6 h. p. 122 ccm. ¹/₃ Vol. Niederschlag. Hb-pCt. 33. Blutkörperzahl 1920000.
27. XII. Erbrechen lässt nach. Seit gestern 107 ccm Urin, die grünlichgelb aussehen, nur noch Spuren von Niederschlag. Hb-pCt. 33. Blutkörperzahl 2032000.
28. XII. Urin reichlicher. Beim Kochen mit Essigsäure leichte Trübung. Hb-pCt. 33. Blutkörperzahl 2570000.

Die Blutkörperzahl nahm in der Folge weiter zu; bald auch der Hämoglobingehalt; die Urinmenge vermehrte sich und der letzte Rest von Eiweisstrübung verschwand rasch; ebenso der Brechreiz.

Zu Anfang Januar 1895 wurde die Reconvalescenz noch mehrfach durch schwere Nasenblutungen aufgehalten, die die Blutkörperzahl vorübergehend zurückbrachte; doch konnte Pat. am 14. Februar mit 66 Hb-pCt. aus dem Krankenhaus entlassen werden, um ihren Hausstand zu übernehmen. Im April 1895 kehrte sie nach Europa zurück, ohne bis April 1896 Fieber gehabt zu haben.

4. T., Kaufmann, etwa 30 Jahre alt, kräftig; war früher 3 Jahre in Lagos und Porto-Novo thätig und kam im September 1894 nach halbjährigem Heimathsurlaub nach Kamerun. Hier hatte er einige leichte Fieber, die er mit unregelmässigen kleinen Chininmengen behandelte; früher bei seinem ersten Aufenthalt in Afrika machte er zweimal schweres Schwarzwasserfieber durch.

28. I. 95. Leichter Fieberanfall. Nephritis. Urin dunkel; enthält kein Hämoglobin; setzt aber beim Kochen ¹/₄ Vol. ungefärbten Niederschlag ab; auch enthält er Cylinder.
30. I. Gestern Befinden besser. Heute etwas Fieber; Urin aber heller und eiweissfrei. Im Blut Malariaparasiten.
31. I. 11 h. a. bei 36,8 Temp. und völligem Wohlbefinden 1,2 g Chinin. Abends Schüttelfrost, Kopfschmerz. 8³/₄ h. p. Temp. 40,9. 400 g dunkelblutrother Urin. Gallenbrechen.
1. II. 6. h. a. Seit gestern abend 300 ccm leuchtend rubinrother Urin; derselbe enthält keine Cylinder, Blutkörper etc. und scheidet beim Kochen mit Essigsäure ¹/₄ Vol. schwarzbraunen Niederschlag ab. Leichter Icterus.
9 h. a. Temp. 39,9. Urin gelbbraun, klar; ¹/₃ Vol. Coagulum; Nierencylinder. Noch einen Parasiten gefunden.
6 h. p. 300 ccm Urin, von der gleichen Beschaffenheit, wie morgens. Temp. 37,6° C.
2. II. Temperatur und Urinmenge normal; Urin eiweissfrei. Icterus verschwunden.

6. II. Rasche Reconvalescenz. Hb-pCt. 38.
14. II. Hb-pCt. 47. Erholungsreise zur See.
27. III. Hb-pCt. 55 (kürzlich leichtes Fieber).
23. IV. Hb-pCt. 60. Hatte seitdem bis März 1896 nur sehr selten mit leichten Fiebern zu thun.

5. G., Kaufmann, 25 Jahre, ausserordentlich kräftig. Seit März 1893 im Kamerungebiet; bis März 1894 etwa 14 tägig Fieber; dann immer 1—2 mal Chinin nach Gutdünken. März 1894 schweres Schwarzwasserfieber, was unter Chiningebrauch mehrere Tage dauerte; fieberfrei bis December 1894; dann wieder häufig erkrankt und Chinin genommen bis Februar 1895.
3. II. 95. Fieber, Chinin.
4. II. Schüttelfrost; blutig gefärbter Urin. 5 h. p. Temp. 40,2. Kopfschmerzen, Erbrechen.
5. II. 8 h. a. Neuer Schüttelfrost, Kopfschmerzen, Gallenbrechen. Urinmenge seit gestern 140 ccm, Farbe dunkelbraunroth, spec. Gew. 1010, enthält $1/6$ Vol. charakteristisch gefärbten Niederschlag. Keine Cylinder. $11^1/2$ h. a. Temp. 38,4. Urin wieder dunkler. $4^1/2$ h. p. Temp. 37,4. Urin bedeutend heller gefärbt.
6. II. Temperatur normal. Urin bernsteinfarben, eiweissfrei; enthält vereinzelte Epithelcylinderbrocken. Hb-pCt. 52.
14. II. Rasche Besserung. Hb-pCt. 53 (war inzwischen wohl noch erheblich geringer gewesen).
22. II. Hb-pCt. 80!!
24. II. Hb-pCt. 84. Erstes kleines Fieber im Juli 1895; März 1896 noch beim besten Wohlbefinden hier thätig.

6. v. P., alter Afrikaner, hatte ungezählte Fieber und auch mehrere Schwarzwasserfieber an der Westküste schon durchzumachen. Eins davon dauerte bei Chininbehandlung 3 Wochen, eins 14, eins 10 Tage. Seit December 1894 in Kamerun.

I.

Bis 4. II. 95 einige leichtere Fieber, letztes am 3. II.; danach am 4. II. morgens $1^1/2$ g Chinin; 1 h. p. dreistündiger Schüttelfrost, hohes Fieber, Erbrechen. 5 h. p. Urin dunkelbraunroth, enthält $1/8$ Vol. charakteristisch gefärbten Niederschlag. 10 h. p. Temp. noch 38,4.
5. II. Temp. normal. Urin eiweissfrei, keine Cylinder. Leichter Icterus. — Rasche Reconvalescenz.

II.

19. II. Fiebergefühl. 1 g Chinin vormittags; nachmittags Schüttelfrost. Temp. 40° C. Urin „ganz dunkel" (bin abwesend). Abends Fieberabfall.
20. II. morgens fieberfrei, Wohlbefinden. 1 g Chinin. $11^1/2$ h. a. $1^1/2$ Stunden Schüttelfrost. Temp. 40,4. Urin dunkelrubinroth. Abends Urin gelbbraun. Fieberabfall. Icterus.
21. II. morgens Temp. normal. Urin eiweissfrei. Spec. Gew. 1030.

III.

5. III. Unwohlsein. Fiebergefühl.

6. III. morgens Temp. normal. Wohlbefinden. Nimmt gegen ärztlichen Rath 1½ g Chinin. 12 h. m. Schüttelfrost. Temp. über 40° C. Gallenbrechen. Urin tiefschwarz, spärlich. Abends nach hydropathischen Maassnahmen Temp. 38,5; steigt unter Frieren sofort wieder bis 39,9. Gallenbrechen. Schwerer Icterus. Grosse Unruhe.

7. III. morgens Temp. 39,0. Urin unverändert bis 4 h. p., wo er aufhellt. 9 h. p. bereits gelbbraun, eiweissfrei. Temp. normal. Gallenbrechen hält an. Durchfall.

8. III. Temp. unter 37,0. Durchfall dauert fort. Erbrechen lässt abends nach. Icterus verblasst.

9. III. Die Reconvalescenz will nicht eintreten. Die Urinmenge sinkt auf 200—300 ccm pro Tag, das spec. Gew. auf 1005, während sich beim Kochen mit Essigsäure nur eine leichte Trübung bildet; reichlicher Schleimgehalt des Urins; auf dem Filter nur einige Epithelien der gröberen Harnwege; keine Cylinder oder Nierenepithelien.

Erst am 15. III. steigt die Diurese wieder, um am 20. die Norm zu überschreiten. Spur von Trübung beim Kochen noch nachzuweisen. Das Erbrechen tritt wieder auf; der Kranke geniesst nichts. Schlaflosigkeit.

17. III. Hb-pCt. 59.

27. III. Hb-pCt. 50. Mehrwöchentlicher Luftwechsel führt rasch zu völliger Herstellung.

IV.

23. VIII. Leichtes Fieber in Edea (Sannaga).

24. VIII. morgens bei völligem Wohlbefinden und normaler Temperatur 1 g Chinin; 2 Stunden später Schüttelfrost; Temp. 40,5; Erbrechen; blutig gefärbter Urin. Zustand dauert den 24. und 25. unverändert. Icterus.

Seit 26. VIII. fieberfrei.

V.

4. IX. Fieber. Im Blut spärliche, pigmentirte Parasiten von ⅓ der Grösse eines Erythrocyten. Fieberabfall gegen Abend.

5. IX. Bei völligem Wohlbefinden und normaler Temperatur 1 g Chinin. 1½ Stunden später Schüttelfrost, Fieber, Erbrechen; nach 2 Stunden Abfall auf 38,0; dann neuer Schüttelfrost und Anstieg über 40° C.; Urin schwarzroth; 9 h. a. dritter Schüttelfrost, doch hat der Urin schon wieder gelbbraune Farbe angenommen; spec. Gew. 1024; geringer Niederschlag beim Kochen. Icterus. — Im Blut finden sich keine Parasiten mehr.

6. IX. Erbrechen. Gastritis. Enteritis. Insomnie. Temperatur und Urin völlig normal. Langsame Erholung.

13. IX. Hb-pCt. 59.

VI.

16. IX. Fühlt sich elend und fiebrig. Im Blut kleine ringförmige Amoeben von $\frac{1}{10}$—$\frac{1}{5}$ der Grösse eines rothen Blutkörperchen (2. Generation — die ältere sporulirt in den inneren Organen). — Ein Stunde später Temp. 39,2; Anstieg ohne Frost; bald Schweiss.

17. IX. 12 h. nachts durch Schüttelfrost erweckt: Erbrechen, dann Schweiss. 1 h. a. Urin schwarzroth; ⅕ Vol. Niederschlag. — 6 h. a. Urin braunroth; ⅛ Vol. Coagulum. — 9 h. a. Temp. 36,3. Leichter Icterus, grosse Schwäche. Urin hell, zeigt nur eben erkennbare Trübung beim Kochen mit Essigsäure. Spec. Gew. 1024. — 11½ h. a. Schüttelfrost, Beklemmungen, schwere Cyanose, Temp. 40,3, dabei Puls kräftig, 80! Urin wieder schwarzroth, bei auffallendem Licht schwarz. Spec. Gew. 1024, enthält ¼ Vol. Niederschlag. — 7 h. p. Temp. 37,1, Schwächezustände; Urin ohne Spur von Eiweiss, gelbbraun.

18. IX. Temp. bleibt normal, Urin eben so, spec. Gew. 1023. Hb-pCt. 46.

23. IX. Reconvalescent wird auf See geschickt und erholte sich trotz einiger kleiner, ohne Chinin durchgemachter Fieber soweit, dass er Ende October bei leidlichem Wohlsein Heimathsurlaub antreten konnte.

Fieber oder Schwarzwasserfieber hat er bis März 96 nicht wieder gehabt.

7. P., Kaufmann, Anfang der Zwanziger, kräftig gebaut; seit 3½ Jahren in Kamerun. Während der ersten 3 Jahre war P. auf einer Hulk thätig, ohne überhaupt Fieber zu haben. Vor 4 Monaten wurde die Factorei an's Ufer verlegt; 3 Monate später Fieber, das sich allwöchentlich wiederholte und jedesmal mit „etwas Chinin" bekämpft wurde.

22. II. 95. Wieder Fieber: gegen Mittag „etwas" Chinin genommen. Nachmittags Urin dunkel, Erbrechen, Fieber (kein Frost). — 8 h. p. Urinmenge 150, Farbe schwarzroth, spec. Gew. 1018, bildet ⅔ Vol. Coagulum. Temp. noch 38,2. Milz und Leber nicht nachweisbar vergrössert.

23. II. Seit gestern Abend 650 ccm Urin, spec. Gew. 1019, Farbe noch dunkler wie gestern, ⅓ Vol. Niederschlag, keine Cylinder. — 12 h. m. Temp. 38,3. Icterus. Im Blut keine Parasiten. Hb-pCt. 53. — 3 h. p. Schüttelfrost. Temp. 38,2. Puls 125.

24. II. Seit gestriger Messung 200 ccm Urin, spec. Gew. 1018, Farbe braunroth, ¼ Vol. Coagulum, keine Cylinder. Temp. 37,0. Starker Icterus.

25. II. Der Urin ist noch spärlich, kaum verfärbt, spec. Gew. 1018, ³⁄₈ Vol. Eiweiss, zahlreiche Cylinder. Temp. 36,7. Hb-pCt. 50.

26. II. Urin reichlicher, eiweissfrei. Temp. blieb normal. Icterus fast verschwunden.

P. kehrte kurz darauf nach Europa zurück und hatte dort zwei leichte Fieber. Seit Herbst 95 ist er wieder in Kamerun und hat bis jetzt kein Schwarzwasserfieber gehabt.

8. P., Kaufmann, 23 Jahre alt, sehr grosser starker Mensch, dessen blasse Gesichtsfarbe auffällt. P. ist seit 9 Monaten in Kamerun thätig und hat nur wenige leichte Fieber gehabt, nach welchen er je 1 g Chinin zu nehmen pflegte.

21. III. Kopfschmerz und Uebelbefinden.

22. III. Morgens bei völligem Wohlsein und normaler Temperatur 1 g Chinin. Nachmittags Frost, Erbrechen, Fieber, blutiger Urin. Milz überragt den Rippenbogen fingerbreit.

23. III. Urin grünlich braunroth, spec. Gew. 1028, ¹⁄₁₅ Vol. Coagulum. — 4 h. p. 150 ccm Urin von dunkelrubinrother Farbe und 1024 spec. Gew. Leichter

Icterus. Temp. 37,6. — Abends 280 ccm Urin von der gleichen Beschaffenheit. Temp. 36,4.
24. III. Urin eiweissfrei. Seine Menge wächst rasch, obwohl das spec. Gew. sich auf 1028 hält.
27. III. Hb-pCt. 69.
31. III. Wieder Fieber bis zum 7. IV.; tägliche Steigerungen bis auf 40° C. Chinin zunächst nicht riskirt. Phenokoll, täglich zu 4 g, erweist sich als völlig nutzlos.
Am 7. IV. wird der Zustand durch einmalige intramusculäre Injection von 1 g Chinin beendet.
10. IV. Hb-pCt. 53. P. wird an die See geschickt.

II.

30. V. P. hat sich inzwischen wohlgefühlt und kein Chinin genommen. Heute weniger frisch, nachdem er bei glühender Hitze ein Leichenbegängniss mitgemacht hat. „Zur Sicherheit" 1 g Chinin gebraucht. 3 Stunden später dunkler Urin. 4 Stunden später Schüttelfrost, Temp. 41,8; Erbrechen. Furchtbare Dyspnoe (so dass auf Fremdkörper im Kehlkopf gefahndet wurde).
31. V. Temp. normal, die Hämoglobinurie dauerte im Ganzen 3 Tage; dann zunächst Besserung, doch werden fortgesetzt nur 300 bis 500 g Urin pro Tag entleert.
6. VI. sah ich P. zuerst. Derselbe zeigt gelblich-livide, cyanotische Hautfarbe und wird von schwerster Athemnoth gepeinigt, welche durchaus den Allgemeineindruck cardialen Asthmas macht und den Kranken zwingt, hochaufgerichtet im Bette zu sitzen. Die Herzdämpfung ist nicht verbreitert; über den Ostien unbestimmte systolische, als anämisch gedeutete Geräusche. Pulsschlag unregelmässig, klein, celer; Arterie auffallend leer. Ueber dem unteren Lungenrand rechts Dämpfung; Athmungsgeräusche rein. Temp. 37,3. Gesicht erscheint etwas gedunsen; sonst keine Oedeme. Hb-pCt. 33. Zuweilen Würgen und Erbrechen. Urinmenge seit 24 Stunden 60 g, spec. Gew. 1012, ?,3 Vol. Eiweiss. Morphium und Chloral selbst zu 0,03 und 3 g ohne jede Wirkung; Aether-Campher etc.
7. VI. Zustand unverändert; 25 ccm Urin.
8. VI. 5½ h. a. Exitus letalis.
Die Obduction ergab — ausser schweren Veränderungen der Nieren und mässiger Dilatation des sehr schwach entwickelten und stark entarteten Herzens, Milzvergrösserung etc. — eine fast infantile, zarte Aorta: 5 cm Umfang an der Klappenbasis, was bei einem Hünen von mehr als 6 Fuss Grösse ein ganz besonderes Missverhältniss darstellt.

9. R., Schiffszimmermann, gross und sehr kräftig. Seit 5 Monaten (November 94) in Kamerun. 14 Tage nach seiner Ankunft schweres Fieber, das sich mit unveränderter Heftigkeit sehr oft wiederholte.
3. IV. 95. Seit 2 Tagen Kopfschmerzen, Erbrechen, Magenschmerzen. 12 h. m. mit 40,5 ins Hospital. 2 h. p. Temp. 39,6. R. ist leicht benommen, Milzvergrösserung nicht nachweisbar. Im Blut ausserordentlich zahlreiche, kleinste

Ringformen von $^1/_{20}$—$^1/_{15}$ Blutkörpergrösse; 4—6 in jedem Gesichtsfeld; die Blutkörper sind oft doppelt, und selbst dreifach inficirt. Ausserdem finden sich weniger zahlreich kleine, pigmentlose Amöben von $^1/_8$—$^1/_6$ Blutkörpergrösse in lebhafter Bewegung. Die Leukocyten führen viel Pigment. 2 h. p., Temp. gefallen, Schweiss; Blutbefund wie 2 h. p.

4. IV. 11 h. a. Temp. normal. Das Blut giebt denselben Befund, wie gestern, nur sind die Parasiten bedeutend spärlicher. 2 g Chinin intramuskulär. Hb-pCt. 67. 4 h. p. Erbrechen, Temp. 38,0; 5 h. p. Temp. 39,6, Urin dunkelrothbraun, Coagulum von charakteristischer Beschaffenheit, Parasiten wieder äusserst zahlreich, doch im gefärbten Präparat nur solche von circa $^1/_3$ Blutkörpergrösse zu finden. 6. h. p. Schweiss, Besserung.

5. IV. 6. h. a. Temp. 38,1: 9 h. p. 37,3. Im Blut kein Parasit mehr. Hb-pCt. 62. Der Urin ist 11 h. a. noch rubinroth mit $^1/_8$ Vol. Coagulum; 6 h. p. zeigt er hellrothgelbe Farbe, 1006—1007 spec. Gew. und keine Spur von Eiweisstrübung mehr.

6. IV. Temp. unter 37,0; keine Milzvergrösserung; Allgemeinbefinden gut, Appetit; Hb-pCt. 60; 9 h. a. enthält das Blut vereinzelte, z. Th. pigmentirte Parasiten von $^1/_8$—$^1/_3$ Blutkörpergrösse.

7. IV. Wohlbefinden, Temperatur normal, kein Chinin, Hb-pCt. 56. Im frischen Blut einige ausgebildete Halbmonde mit ruhendem Pigmentkranz in der Mitte.

11. IV. Hb-pCt. immer noch 56, trotz völligen Wohlbefindens seither; deshalb die erbetene Entlassung verweigert.

13.—16. IV. Wieder Fieber mit täglichen Steigerungen bis über 40° C. und dem gewöhnlichen Parasitenbefund.

Am 15. und 16. IV. nach Temperaturabfall je 0,9 g Chinin intramuskulär.

17. IV. Temperatur normal, Wohlbefinden. 9 h. a. Im Blut keine Parasiten, Hb-pCt. 52.

30. IV. Wieder Fieber; eine Generation z. Th. pigmentirter Parasiten, $1^1/_2$ g Chinin; nächsten Tag fieberfrei, kein Chinin. 3. Tag und 5. Tag wieder je ein rudimentärer Anfall, die mit je 1 g Chinin behandelt wurden.

7. 5. Hb-pCt. 66; auf Wunsch, arbeitsfähig entlassen.

Im Mai und im Juni dann noch je ein kleines Fieber.

25. VI. Hb-pCt. 70.

6. VII. Hb-pCt. 70.

Arbeitete bis März 96 ohne Unterbrechung und hat den Arzt nicht wieder in Anspruch genommen.

10. K., Zimmermann; seit 9 Monaten (Juli 94) in Kamerun hat im August und im Oktober schwere, seitdem einige leichte Fieber gehabt und den Arzt seit Oktober nicht mehr consultirt.

7. IV. Fieber, wie seit mehreren Tagen.

8. IV. Erst besser, dann wieder Erbrechen, Temp. 40,0 und 40,8. Trotzdem 6 h. p. $1^1/_2$ g Chinin; 8 h. p. Schüttelfrost, Kopfschmerz, Durchfall. 350 g Urin rubinroth mit Stich ins Braune. Der charakteristische Niederschlag beim Kochen nimmt $^1/_3$ der Flüssigkeitssäule ein. Spec. Gew. 1028.

9. IV. K. fieberfrei, Urin enthält kein Eiweiss mehr; spec. Gew. 1024. Der Kranke bleibt fieberfrei, ohne Chinin erhalten zu haben.
Am 11. IV. Hb-pCt. 60.
13. IV. entlassen.
18. IV. Wohlbefinden, Hb-pCt. 65.

II.

24. IV. Befindet sich seit einigen Tagen schlecht und hat auch wieder Temperatursteigerungen. 9 h. a. nimmt er deshalb 1½ g Chinin. 3 h. p. Schüttelfrost; Temp. 39,5. — 5 h. p. Temp. 40,5, Aufregung, Beklemmung, Kurzluftigkeit, Ikterus. Es werden 60 ccm Urin entleert, der bei auffallendem Licht schwarz, bei durchfallendem Licht dunkelrubinroth erscheint und grünlich fluorescirt. Beim Kochen gerinnt fast die ganze Flüssigkeitssäule. — 9 h. p. 950 ccm Urin, gefärbt wie 5 h. p., spec. Gew. Gewicht 1016.
½ Vol. Niederschlag beim Kochen mit Essigsäure, der Urin enthält keine Cylinder, nur vereinzelte Epitholien der Harnwege.
25. IV. 6 h. a. Temp.: 37,9, Urin heller, noch schwarzroth, doch mit Stich ins Braune. Hb-pCt. 42. — 6 h. p. Urin blassrubinroth mit Stich ins Braune, ½ Vol. Coagulum, keine Cylinder. 9 h. p. Urin gelbbraun, eiweissfrei. Temp. 37,1.
26. IV. Temp. 36,5. Urinmenge verringert, spec. Gew. 1018, keine Eiweisstrübung, keine Formelemente. Hautfarbe sehr blass, doch hat der Ikterus nicht zugenommen.
30. V. Temp. blieb normal, Hb-pCt. 55.
7. V. Hb-pCt. 69.
8. V. Wird K. zum Dienst entlassen und bald darauf nach Victoria versetzt, wo er nach Chinin später noch ein leichtes Schwarzwasserfieber und einige leichte uncomplicirte Fieber hatte, die ohne Chinin heilten. K. wagte es nicht zu nehmen, aus Furcht, wieder Schwarzwasserfieber zu bekommen. Im März 96 ist K. noch in Victoria thätig.

II. E., Missionar, 25—30 Jahre alt. Seit 10 Monaten, Juli 94, in Kamerun. Acht Tage nach Ankunft Fieber, das allwöchentlich wiederkehrt; während der freien 3—4 Tage jedesmal morgens und abends je ½ g Chinin genommen, während der Fiebertage keins. — Februar 25 erstes Schwarzwasserfieber, 3 g Chinin genommen, später „noch einige" Schwarzwasserfieber, die immer mit „besonders viel" Chinin (nach Gutdünken) behandelt wurden.
4. V. Seit 8 Tagen Fieber, Kreuzschmerzen. E. sieht äusserst blass und elend aus. Grosse Schwäche, Milz am Rippenbogen fühlbar, Urinmenge kaum 500 g in 24 Stunden, Urin von normaler Farbe, erweissfrei (10 h. a.).
Bis zum 7. V. wurden täglich 4 g Phenokoll gegeben (aus Sorge vor dem Blutzerfall bei Chiningebrauch), doch dauert das Fieber an und E. verfällt zusehens. Daher d. 7. V. — 11½ h. a. 1½ g Chinin. 1 h. p. Schüttelfrost und Fieber, 4 h. p. Schweiss und Temperaturabfall. Darauf sofort erneuter Anstieg, 4½ h. p. 38,4, 6 h. p. 39,4, Schweiss; heftiges Erbrechen, intensiver Ikterus. Seit dem Morgen 50 g Urin von tintenschwarzer Farbe entleert; das Coagulum beim

Kochen mit Essigsäure ist tiefschwarz und nimmt fast die ganze Höhe der Flüssigkeitssäule ein. Die Milz überragt den Rippenbogen fingerbreit.

8. V. Haut und Conjunctiven intensiv citronengelb, Wangen farblos, Lippen blassviolett, Temp. normal. Seit gestern kaum 100 cbcm Urin, der beim Kochen ganz gerinnt und schwarze Farbe zeigt. Die Leber, welche gestern noch völlig normal erschien, ist heute auf Druck und beim Betasten sehr empfindlich, nicht vergrössert. Das Erbrechen dauert fort. Abends Zustand unverändert. Temp. normal.

9. V. Die Leberschmerzen haben abgenommen. Urin fehlt ganz. Brechreiz, Ructus und Singultus, Temp. 36,5—37,0, höchste Temp. abends 37,7. Wie an den Tagen zuvor reichlich dunkelbrauner Stuhl, Hb-pCt. 28,5. Patient erhält täglich 1—2 Heissluftbäder nach Quincke unter ärztlicher Aufsicht.

10. V. Nacht sehr unruhig, häufiges Erbrechen, doch wird die flüssige Nahrung z. Th. auch behalten. Puls um 100; Temp. normal; Schweiss; Ikterus verblasst. Im Ganzen 4 cbcm Urin von gelblich blassgrüner Farbe gelassen, der beim Kochen $^6/_{10}$ Vol. Niederschlag giebt. Auf dem Filter durchaus keine Formelemente.

11. V. Zustand unverändert, 5 cbcm Urin in 2 Portionen entleert. Abends Brechreiz geringer, Pat. geniesst mehr und schwitzt viel, keine Schmerzen mehr. Höchste Temp. 37,5, Puls 120.

12. V. Höchste Temp. 37,5, 7 cbcm Urin, derselbe hat trübbräunlichrothe Farbe und giebt $^4/_5$ Vol. Coagulum. Allgemeinbefinden etwas besser, kein Erbrechen, etwas Hering genossen, sehr viel Schlaf infolge von Erschöpfung.

13. V. Zustand unverändert, 7 cbcm Urin mit $^4/_5$ Vol. Coagulum. Schmerzen in der Nierengegend, Priessnitz.

14. V. Wie gestern; Gesicht ödematös; die 7 cbcm Urin enthalten einige verfettete Nierenepithelien und Epithelien der Harnwege, keine Cylinder.

15. V. Zustand unverändert.

16. V. Ebenso.

17. V. Etwas besser, doch schmerzt heute der ganze Körper bei jeder Bewegung, besonders Kreuz- und Nierengegend. Seit gestern 70 cbcm klaren Urin entleert, Farbe hellgelb, spec. Gew. 1008, enthält $^1/_{10}$ Vol. Eiweiss.

18. V. Seit gestern Abend 300 cbcm Urin, spec. Gew. 1009. Nur noch Spuren von Eiweisstrübung beim Kochen mit Essigsäure. Auf dem Filter einzelne hyaline Cylinder, verfettete, gequollene und vakuolisirte Nierenepithelien. Die Schmerzen in der Nierengegend lassen nach.

19. V. 800 cbcm eiweissfreien Urin. Die Kräfte heben sich, obgleich der Appetit noch ganz fehlt.

26. V. Die Esslust hat sich inzwischen eingestellt und Pat. war in die volle Reconvalescenz eingetreten, als Nachts nach einer „kolossalen" Abendmahlzeit unter lautem Schreien, Erstickungsanfall, Cyanose und in wenigen Minuten der Tod eintrat. Offenbar handelte es sich um eine Lungenembolie.

12. A., Kaufmann. Seit 6 Jahren mit Unterbrechung an der afrikanischen Westküste; jetzt seit 17 Monaten in Kamerun (Hikory-town). In dieser Zeit „kaum Fieber gehabt" und „kaum Chinin genommen".

16. und 17. V. leichtes Fieber, etwas Chinin.

18. V. Erbrechen, hohes Fieber ohne Schüttelfrost, Unruhe. A. ist sehr kräftig gebaut; Züge verfallen; schwerer Ikterus. Die Milz überragt den Rippenbogen fingerbreit; die Leber ist ebenfalls etwas vergrössert und druckempfindlich. Bis zum Abend 300 g schwarzrothen Urins, spec. Gew. 1009, beim Kochen mit Essigsäure ¼ Vol. Coagulum.

6. VI. Wurde bald wieder hergestellt, ohne Chinin genommen zu haben.

25. VI. Rückfall nach intensivster Besonnung, der gleichfalls ohne Chinin heilte. Seitdem relatives Wohlbefinden, bis A. im Februar 96 heimkehrte.

13. T., Polizeimeister. Seit einem Jahr im Kamerungebiet (Kribi); hat sich die ganze Zeit wohlgefühlt, und „höchstens alle Monate einmal wegen Gefühl von Fieber ½ g Chinin genommen". Ebenso am 8. VI. 95, wo die Wirkung ausbleibt; deshalb am 9. VI. morgens noch 1 g Chinin. Abends Schüttelfrost, heftiges Fieber, Erbrechen, Kopfschmerz, blutiger Urin in erheblicher Menge. T. nahm während der nächsten Tage je ½ g Chinin, Fieber und Hämoglobinurie dauerten dabei bis zum 13. VI.

Am 15. VI. Versuch aufzustehen. Rückfall: Frost, Fieber, Urin dunkelbraun bis 19. VI., wo er wieder hell ist. Während des Rückfalls wurde kein Chinin genommen.

T. wird am 21. VI. nach Kamerun ins Hospital gebracht. Er bietet ein Bild äusserster Schwäche: Flimmern vor den Augen, Klingen der Ohren, Lippen kaum sichtbar gefärbt. Brustorgane gesund; anämische Herzgeräusche fehlen; Milz nicht nachweislich vergrössert; Temp. normal.

22. VI. Hb-pCt. 23, Zustand unverändert. 6 h. p. Temp. 38,8 ohne Störung des Allgemeinbefindens. Urin braunroth.

23. VI. Temp. morgens normal. Im Blut keine Parasiten; die Blutkörper zeigen Veränderungen wie bei schwerster Anämie: Megalocyten und Mikrocyten in allen Uebergängen zum normalen; die ersten häufig ganz blass bis schattenhaft. 12 h. m. Schüttelfrost, Temp. 39,6, Erbrechen, Urin braunroth, bald darauf Schweiss. Hb-pCt. 21.

24. VI. 9 h. a. Temp. 36,8, im Blut keine Parasiten; Veränderungen der Erythrocyten wie gestern; braunrother Urin. 12 h. m. Frostgefühl, Temp. 39,0, bleibt so mit geringen Schwankungen bis 6 h. p.—8 h. p. Temp. und Urin normal.

25. VI. Allgemeinbefinden gut, Temp. normal, Urin sehr reichlich, spec. Gew. 1012, eiweissfrei, Arsen und Eisen.

26. VI. Hb-pCt. 19 (war inzwischen wohl noch tiefer gesunken), Urin wie gestern, spec. Gew. 1014.

6. VII. Rasche Reconvalescenz, Hb-pCt. 42,5.

13. VII. Hb-pCt. 56. Kehrt auf Wunsch nach Kribi zurück.

18. VIII. wieder in Kamerun; leichtes Fieber, das mit 1½ g Chinin beseitigt wurde, ohne dass Blutzerfall eintrat.

26. VIII. Hp-pCt. 73. That bis März 96 an verschiedenen Stellen des Schutzgebiets Dienst und brauchte den Arzt nicht wieder in Anspruch zu nehmen.

14. L., Zimmermann. Seit 7 Monaten — November 94 — im Kamerungebiet thätig, hatte L. sehr viele sehr schwere Fieber, die aber seine Blutbeschaffenheit relativ wenig schädigten, obgleich L. stets blass und mager war. Der Hämoglobingehalt des Blutes sank nie unter 70 pCt. und betrug meist 75—78 pCt. Ende April wurde L. nach Edea versetzt; dort hatte er Anfang Juni 2 Tage lang Schwarzwasserfieber. Am dritten Tage danach ½ g Chinin, drei Stunden später Rückfall, der mit Schüttelfrost begann und zwei Tage dauerte, kein Chinin mehr. Am 27. Juni wurde L. sehr elend ins Hospital nach Kamerun gebracht. Er hatte dort noch einen leichten Anfall von Schwarzwasserfieber und kehrte bald darauf nach Deutschland zurück.

15. D., Ingenieur. Früher jahrelang am Congo; hat dort schwere Fieber, auch Schwarzwasserfieber, gehabt; das letzte 1884: dann 2½ Jahre in Kamerun, stets gesund; ebenso während halbjährigen Urlaubs. Jetzt seit ½ Jahr bei gutem Wohlsein wieder hier.

28. VII. 95. D. fühlte sich seit 3 Tagen schlecht und appetitlos; zuletzt auch etwas fieberig; daher abends 1 g Chinin; 3 Stunden später Frost, dann Hitze; Urin tintenschwarz.

Am 29. VII. morgens Urin klar, eiweissfrei; Andeutung von Ikterus, Temp. blieb normal.

8. IX. Kleines Fieber; mit zweimal je 1 g Chinin beseitigt.

II.

27. 10. Fühlt sich schlecht und fiebrig; Abends 1 g Chinin. 10 h. p. durch heftigen Schüttelfrost aus dem Schlaf erweckt; hohes Fieber, Erbrechen. Urin bräunlich blutroth, enthält ¼ Vol. charakteristischen Niederschlags.

28. X. 10 h. a. Temp. noch 38,4; kehrt im Laufe des Tages zur Norm zurück. Urin schon morgens hell, reichlich, eiweissfrei.

D. blieb gesund bis Januar 96, wo er einen ganz ähnlichen Schwarzwasserfieberanfall durchzumachen hatte, der ohne Chiningebrauch ebenfalls günstig verlief. Seitdem hat er bis März 96 kein Fieber wieder gehabt.

16. P., Polizeimeister in Victoria, 30 Jahre circa. Seit 91 mit halbjähriger Unterbrechung zu Anfang 93 im Kamerungebiet thätig. Hat während des ersten Aufenthalts etwa vierwöchentlich leichtes Fieber gehabt und dann Chinin genommen. Gegen Ende der Zeit hatte P. auch Schwarzwasserfieber. Während seines zweiten Aufenthaltes hier nahm P. jeden Sonnabend prophylaktisch 1 g Chinin und blieb über 1½ Jahre fieberfrei. Erst in den letzten Monaten litt er häufig an Fieber. Mitte Juni 1895 Schwarzwasserfieber, ohne dass in den letzten 10 Tagen Chinin gebraucht war; es dauerte einige Tage; kein Chinin. Drei Wochen später wieder einige leichtere Fieber; P. wagte nicht, Chinin zu nehmen.

22. VII. Abends nach Kamerun ins Hospital. Temp. 37,9.

23. VII. Temp. normal. Milz überragt den Rippenbogen zweiquerfingerbreit. Hb-pCt. 30. Nachmittags etwas Kopfschmerz, Temp. 39, kehrt noch am Abend zur Norm zurück.

24. VII. 10 h. a. Temp. normal. Allgemeinbefinden relativ gut. Im Blut spärliche kleine, als Ringe erscheinende Parasiten und pigmentführende, grössere Amöben, sowie Halbmondformen.

26. VII. Temperatur abends 38,3, Zustand sonst unverändert. Hb-pCt. 30.

29., 30., 31. VII. 3—4 g Phenokoll pro die ohne sichtbaren Effect.

1. VIII. Hb-pCt. 32: Blutkörperzahl 1952000 im cmm.

2.—6. VIII. tägliche Temperatursteigerungen bis 39° C. und darüber. Im Blut pigmentirte und jüngere unpigmentirte Parasiten neben einzelnen Halbmonden.

6. VIII. 4 h. p. 0,75 g Chinin. bimuriat. intramuskulär.

7. VIII. Blieb fieberfrei. Im frischen Blut keine Parasiten zu finden. Hb-pCt. 34,5. 5½ h. p. 1 g Chinin, auf Wunsch per os. 10 h. p. Allgemeinbefinden noch gut.

8. VIII. 1 h. a. Frost, Fieber, Erbrechen. Urin- und Stuhldrang. Bis 6 h. a. werden 525 cbcm schwarzrothen Urins unter Brennen in der Harnröhre entleert; derselbe hat ein spec. Gew. von 1010 und bildet beim Kochen mit Essigsäure 1/10 Vol. des charakteristischen Coagulum. 7 h. a. 76 cbcm, spec. Gew. 1009, Farbe gelbbraun mit Stich ins Rothe; nur noch Spuren von gefärbtem Coagulum. Pat. verfallen, fahl, ikterisch, äusserste Schwäche, Schlafsucht. Temp. 37,1, Puls 125. Hb-pCt. 34,5, Blutkörperzahl 1564000. Bis 9 h. p. steigt die Urinmenge über die Norm und das spec. Gew. sinkt bis 1004, doch bleibt der Urin verfärbt und giebt etwas Niederschlag beim Kochen. Charakteristische Formelemente liessen sich auf dem Filter niemals nachweisen. 8 h. p. Temp. 38,2, Puls 132. Schwäche, Schlafsucht.

9. VIII. 7 h. a. Temp. 36,8. Schwäche. Ikterus hat zugenommen. Hb-pCt. 24. 6 h. p. Urin eiweissfrei, gelbbraun. Hb-pCt. 19, Blutkörperzahl 980000. Stuhl goldgelb, wie beim Säugling; offenbar äusserst gallenreich. Milz nicht mehr fühlbar. Dämpfung kaum nachweislich verbreitert. Leber nicht vergrössert.

10. VIII. Haut schmutzigolivengrau, Lippen kaum gefärbt, grosse Mattigkeit. Temp. normal, Puls 120. Anämische Herzgeräusche, sonst Herz normal. Urin überreichlich, gelbbraun, eiweissfrei, spec. Gew. 1009. Hb-pCt. 20. Blutkörperzahl 1012000. Viel Mikro- und Poikilocyten.

14. VIII. Rasche Reconvalescenz bei gutem Appetit. Hb-pCt. 25. Blutkörperzahl 1478000.

19. VIII. Hb-pCt. 39.

22. VIII. Hb-pCt. 43. Blutkörperzahl 1952000.

29. VIII. Leichtes Unwohlsein. Höchste Temp. nachmittags 37,5.

30. VIII. 12 h. m. Frost, Temp. über 40° C, dann bald Schweiss. Hb-pCt. 56,5. Abends 9 h. p. Temp. normal. 1 g Chinin. Urin normal.

31. VIII. Temp. normal. Allgemeinbefinden gut, kein Fieber wieder. Geht dann bald nach Hause, weil fast 2 Jahre in Kamerun.

17. v. St., Officier. Seit 5 Monaten in Kamerun; hat einmal leichte Dysenterie, sonst während zweier Feldzüge nur wenig leichte Fieber gehabt. Nach der Rückkehr vom zweiten im Juni 1895 wieder ein solches, welches nach Chiningebrauch in Schwarzwasserfieber überging. Dieses verlief in 24 Stunden günstig, ohne dass Chinin genommen wurde.

II.

Anfang September 1895 zeigte ein zweiter Malariaanfall nach 1½ g Chinin die Symptome des Schwarzwasserfiebers. Es verlief wie das erste. — Seitdem ziemlich regelmässig alle 12 bis 15 Tage zweitägiges Fieber, dass v. St. mit je 1½ bis 2 g Chinin beseitigte.

III.

18. und 19. I. 1896. Jagdpartie in die Mangroven; Uebernachten im Busch ohne Zelt, Durchnässung.
20. I. Uebelbefinden.
21. und 22. I. Malariaanfall mit hohem Fieber; kein Chinin genommen.
23. I. nachts neuer Anfall. 3 h. a. 1 g Chinin. 5 h. a. Schüttelfrost, hohes Fieber, Erbrechen, Beklommenheit. Leichte Dyspnöe, Cyanose. 8 h. a. 150 cbcm schwarzrothen Urins. spec. Gew. 1022; ½ Vol. Coagulum beim Kochen mit Essigsäure, enthält keine Formelemente, Temp. 40,0. 12 h. m. die 157 cbcm inzwischen gelassenen Urins zeigen dieselbe Beschaffenheit, wie die vom Morgen; spec. Gew. 1012, ½ Vol. Coagulum. Viel Erbrechen. Im Blut vereinzelte Parasiten in verschiedenen Entwickelungsstadien. Hb-pCt. 64. Blutkörperzahl 2 872000. Starker Schweiss. — 6 h. p. Temp. normal. 470 ccm Urin, spec. Gew. 1007, ¼ Vol. noch bräunlich gefärbtes Coagulum, vereinzelte feinkörnige Cylinder.
25. I. 6. h. a. 275 cbcm Urin, spec. Gew. 1019, ⅓ Vol. noch bräunliches Coagulum. Temp. blieb normal, leichter Ikterus. Linker Leberlappen auf Druck und spontan schmerzhaft, Leber nicht vergrössert, die Milz überragt den Rippenbogen dreiquerfingerbreit. Im Blut keine Parasiten mehr. 12 h. m. 80 cbcm. Urin, eiweissfrei. 6 h. p. 78 cbcm völlig klaren eiweissfreien Urins, spec. Gew. 1022.
26. I. Harnfluthen, Wohlbefinden.
27. I. Die Leberschmerzen verschwinden. Appetit stellt sich ein.
28. I. Wird v. St. auf Wunsch entlassen.

IV.

4. II. Nach kleiner Buschjagd tags zuvor sehr angegriffen. ½ g Chinin genommen. Temp. 38,5.
5. II. Bei völligem Wohlbefinden und normaler Temp. 11 h. a. 1 g Chinin. 2 h. p. Schüttelfrost. Temp. 41,2, Pulsfrequenz 90!! Erbrechen. Urin reichlich, schwarzroth. Sehr bald Schweiss, ohne dass deshalb die Temperatur sinkt. 6 h. p. Urin noch dunkler. 9 h. p. Urin heller. Temperatur unter 38° C. Leichter Ikterus.
6. II. Wohlbefinden. Temp. subnormal; Schwächegefühl. Im Blut keine Parasiten. Hb-pCt. 67. Urin blieb reichlich; vormittags noch wieder stärker gefärbt, nachmittags strohgelb, spec. Gewicht 1017, kein Niederschlag beim Kochen.
7. II. Der Icterus blasst ab.
15. II. wird v. St. nach Malimba an die See geschickt, wo er sich bei prophylaktischem Gebrauch von ½ g Chinin jeden Tag, trotz vieler Jagdunternehmungen, rasch und ausgiebig erholt. Bis Mitte März hatte er kein Fieber wieder.

18. S., Lazarethgehilfe. Seit 20 Monaten — Anfang 94 — in Kamerun; hat zeitweise viel Fieber gehabt und rationell Chinin genommen. Einmal hatte er algide Zustände dabei, mit heftigen Durchfällen, Erbrechen, Beklemmungen, hochgradigem Angstgefühl, Cyanose und kleinem, frequenten, aussetzenden Puls. Morphium, Aether, Campher linderten rasch.

24. VIII. Kleines Fieber: nach Abfall 6 h. p. 1½ g Chinin bei normaler Temperatur.
25. VIII. Gegen 1 h. a. durch heftigen Schüttelfrost erweckt; dann Hitzegefühl, Kopfschmerz, Erbrechen. Die 1500 ccm Urin aus der Nacht sind schwarzroth gefärbt. Temp. 38,7. — 8 h. a. 225 ccm Urin, noch dunkler, spec. Gew. 1017, giebt im Spitzglas oder auf dem Filter keinen sichtbaren Rückstand. Mit Essigsäure gekocht ½ Vol. Niederschlag. — 11½ h. a. Im Blut keine Parasiten, Hb-pCt. 58, Blutkörperchenzahl 3776600. Temp. 39,5. — 4 h. p. Urinmenge 700 ccm, spec. Gew. 1006, Coagulum beim Kochen spärlicher. - - 6 h. p. Temp. 38,0, Urin reichlich, rubinroth. — 9 h. p. Temp. 38,3; Schweiss, Schwächegefühl, Schlafsucht.
26. VIII. 8 h. a. Wohlbefinden, Temp. 36,4. Seit gestern 500 ccm Urin, spec. Gew. 1024, ⅓ Vol. ungefärbter Niederschlag beim Kochen mit Essigsäure. Der Icterus blasst ab. Hb-pCt. 54. Blutkörperchenzahl 3388000.
27. VIII. Weitere Besserung. Bis 12 h. m. 500 ccm Urin, spec. Gew. 1029, eben wahrnehmbare Trübung beim Kochen mit Essigsäure: auf dem Filter: Schleimausgüsse der gröberen Harncanäle; keine Cylinder oder andere Formelemente. Icterus verschwunden.
30. VIII. Hb-pCt. 55,5.
Geht Anfang September nach Hause und kehrt im März 96 nach Kamerun zurück, ohne inzwischen Fieber gehabt zu haben.

19. H., Arbeiteraufseher. Seit 10 Monaten — November 94 — in Kamerun. Nach 5 Monaten erstes Fieber, das sich in sehr schwerer Form alle 14 Tage oder noch öfter wiederholte; die Temperaturen überstiegen oft 41° C.
Vom 20. VII. 95 ab wurde deshalb siebentägig 1 g Chinin genommen. Seitdem blieb H. fieberfrei bis 26. VIII., wo er Tags zuvor sein Chinin zu nehmen vergessen hatte.
H. fiebert am 26., 27. und 28. leicht und that Dienst dabei. Dann am 28. VIII. Nachmittags 1 g Chinin. Nachts heftiger Fieberanfall: unter leichtem Brennen in der Harnröhre wurde schwarzrother Urin entleert.
29. VIII. Morgens war der Kranke bereits fieberfrei und auch der Urin wurde im Laufe des Tages normal.
2. X. Hb-pCt. 66,5.
H. kam später nur noch dreimal wegen leichten Fiebers in ärztliche Behandlung und wurde im Februar 96 nach Edea versetzt.

20. G., Missionar, kam Juli 91 nach Kamerun; zu Anfang hatte er sehr wenig Fieber; Mitte Februar 93 Schwarzwasserfieber; Mitte Mai 93 Dysenterie. Da dieselbe nicht wich, Ende Juni 93 Heimkehr. Zwei Jahre in der Schweiz; aber trotz längerer Behandlung in der Berner medicinischen Klinik bestand die Dysenterie fort. Dennoch kehrte G. Mitte Juni 95 nach Kamerun zurück (!!). Sechs Wochen nach Ankunft nahm die Dysenterie wieder acute Form an und siebentägig wiederkehrende Malariafieber gesellten sich dazu, die zunächst „bloss mit Schwitzen" behandelt wurden; 30. VIII. Ausserdem noch ⅔ g (10 grains) Chinin, 2 Stunden später Schüttelfrost, hohes Fieber, schwarzrother Urin, das Brennen beim Uriniren ist so stark, dass „der Urin kaum gelassen werden kann". Kein Chinin mehr genommen.

Am 1. IX. Urin wieder hell, doch hat G. weiter tägliche Temperaturen zwischen 38,7 und 40,0° C. Eine schwere Dysenterie dauert fort.

2. IX. Abends erster Besuch. G. ist collabirt; äusserst anämisch. Temp. 39,8. Letzter Zeit pro Tag etwa 20 Stühle von rein blutiger oder blutig-schleimiger Beschaffenheit; Tenesmus dabei mässig.

5. IX. Hb-pCt. 20; im Blut keine Parasiten, weshalb das Fieber auf die Dysenterie bezogen wird; es fällt rasch nach Wismutklystieren und Opium.

11. IX. Pat. transportfähig; kommt ins Hospital.

14. IX. Hb-pCt. 36.

16. IX. Temperatursteigerung bis 39,0° C.

17. IX. Temperatur morgens normal. Im Blut spärliche Jugendformen einer Parasitengeneration. $1{,}2$ g Chinin.

18. IX. Das Fieber kehrte nicht wieder.

19. X. Blieb fieberfrei. Hb-pCt. 60.

28. X. Stuhlgang seit längerer Zeit völlig normal; Allgemeinbefinden gut. Entlassung.

19. XI. Die Heilung hielt an; inzwischen nur einmal leichtes Fieber; doch kehrt der Kranke aus persönlichen Gründen nach Europa zurück.

21. H., Kaufmann. Seit einem Jahr in Kamerun; vorher 2 Jahre in dem gesunderen Cap Lopez; hat nur wenig leichte Fieber gehabt; so am 5. IX. 95. Nimmt nach Temperaturabfall $2/3$ g (10 grains) Chinin. Vier Stunden später Schüttelfrost, hohes Fieber, blutfarbener Urin; sehr grosse Schwäche. Kein Chinin mehr.

6. IX. Urin und Temp. völlig normal. Bleiben so.

13. IX. Geheilt entlassen: Hb-pCt. 71.

Blieb gesund bis zu seiner Heimkehr im Februar 96.

22. T., Kaufmann. Seit 18 Monaten in Kamerun; hat öfters meist leichte Fieber gehabt; das erste dauerte 14 Tage. T. nahm jedesmal je 1—2mal 0,6 Chinin.

16. IX. fühlte sich T. unwohl und hatte leichtes Fieber.

17. IX. fieberfrei; Wohlbefinden; 10 grains ($2/3$ g Chinin). 4 h. p. kühles Bad. — 11 h. p. Schüttelfrost; hohes Fieber. — 12. h. p. Urin gelassen, der wie Blut aussah. Trinkt viel Sauerbrunnen. Bis zum ärztlichen Besuch am 18. IX. 12 h. m. $1\frac{1}{2}$ l schwarzrothen Urins producirt. Auf Verlangen weitere 80 ccm entleert, welche die Farbe frischen arteriellen Blutes zeigen. Beim Kochen sammeln sich die etwa $1/6$ Vol. Niederschlag an der Oberfläche der Flüssigkeit im Reagensglas und erstarren dort in wenigen Sekunden so fest, dass das Glas sich bis zur Horizontalen umkehren lässt, ohne dass Flüssigkeit ausläuft. Das Coagulum zeigt die Farbe von Kaffeesatz und wird bei Zusatz von etwas Essigsäure tiefschwarz. — Temp. 38,7; Puls 110; mässiger Icterus. Gastritis. Obstipation. Die Milz überragt den Rippenbogen dreiquerfingerbreit. — 2 h. p. Temp. über 40° C. Reichlicher Urin von schwarzrother Farbe. (Es wurden heute 5 l Sauerbrunnen

getrunken und nur einmal erbrochen.) — 6 h. p. Temp. 38,6, Puls 132. Sensorium frei. Keinerlei subjective Beschwerden. — 10 h. p. Frost und neuer Fieberanstieg.

19. IX. 8 h. a. In der Nacht grosse Unruhe, die es den Wachen unmöglich macht, die Temperatur zu messen; doch keine Delirien. 2 l Flüssigkeit seit gestern Mittag genommen und 1 l Urin von schwarzrother Farbe producirt; derselbe zeigt 1013 spec. Gew. und erstarrt beim Kochen mit Essigsäure fast vollkommen. Das Gerinnsel zeigt die Farbe von dunklem Milchkaffeesatz. Temp. 40,0; Puls 150. Ueber dem Herzen überall kurzes systolisches Geräusch. — 2 h. p. Zustand unverändert; Puls 146; Temp. 39,7. Coffein; Champagner. — 8. h. p. Erbrechen häufiger. Urin weniger reichlich, aber auch weniger stark gefärbt. Temp. 38,7; Puls 148.

Auf Brust, Bauch und Stirn treten hirsekorn- bis linsengrosse, bläulichrothe Fleckchen hervor, in deren Mitte sich ein miliariaartiges Bläschen erhebt.
20. IX. 8 h. a. Temp. 38,4; Puls 150. Die 500 g Urin gelblich braunroth: spec. Gew. 1012; ½ Vol. Coagulum, das sich noch stark gefärbt zeigt. 2 h. p. Temp. 38,6; Puls 166. Die Milz überragt den Rippenbogen kaum noch 2 fingerbreit; das Erbrechen nimmt zu; die Flüssigkeitsaufnahme sinkt; der Kranke verfällt. — Morphium, Coffein, Aether. 7 h. p. Temp. 39,3; Puls 150—160; Facies Hippokratica. Hautfarbe fahl-graugelb; Lippen blutlos; 2 Stühle angeblich tiefschwarz. Die Bettwäsche ist durch das Erbrochene intensiv goldgelb gefärbt. Der Urin ist kaum noch gefärbt und enthält ⅕ Vol.-pCt. Eiweiss.

21. IX. Morgens Temp. 38,5; 11 h. a. 40,2; Puls 150—160; schwach. Milz nicht mehr fühlbar; nach Umfang der Dämpfung kaum noch vergrössert. Die Petechien verblassen. Delirien; grosse Schwäche. — Im Blut keine Parasiten. Urin gelbbraun; spec. Gew. 1011; 1/20—1/16 Vol. hellgefärbter Niederschlag; auf dem Filter einige Cylinderbruchstücke. — 3. h. p. Zustand unverändert. Temp. 40,1 und 40,2; Puls 150—160. Die Aetherinjectionen werden fortgesetzt. — 9 h. p. Puls 132; kräftiger, aber schlaff. Extremitäten eiskalt, schweissbedeckt. Schluchzende Athemzüge. — 12 h. m. Tod unter zunehmender Schwäche.

Die Obduction ergab ausser allgemeiner, hochgradigster Anämie sämmtlicher Organe einen rothen Erweichungsherd im rechten Thalamus opticus, vergrösserte Milz (18 : 11 : 4,7), Nephritis, hämorrhagische Gastritis, Herzentartung.

23. St., Unterofficier. Seit 5 Monaten (April 95) im Kamerungebiet: zuerst 3 Monate in Edea, dann in Kamerun selbst. Vierzehn Tage nach Ankunft schweres Fieber 6 Tage lang; 14 Tage später zweites 4 tägiges Fieber und weiter alle 7 Tage ein kurzer Anfall, oft mit Temperaturen über 41° C. In Kamerun kehrten die Attaquen dann 14 tägig wieder und waren leichter. Jedesmal nach Abfall der Temperatur 1 g Chinin genommen. Hinterher stets sehr matt und schlaff.

14. IX. Befindet sich morgens schon schlecht, geht aber zum Dienst. Abends Fieber; Temp. bis 40,8. Nachts Schweiss, Schlaf.

15. IX. 8 h. a. fieberfrei; 1 g Chinin; 12 h. m. Schüttelfrost; Temp. 40,6; rubinrother Urin in normaler Menge; spec. Gew. 1011; ¹⁄₄ Vol. Coagulum von charakteristischer Beschaffenheit. Grosser Durst; viel Sauerbrunnen. — 3 h. p. Schweiss; Temp. fällt; Urin viel heller. 8 h. p. Urin gelbbraun, leichte hell-

gefärbte Eiweisstrübung beim Kochen; Temp. 38,2. -- 10 h. p. Urin reichlich; wieder schmutzig braunroth; ¹/₁₀ Vol. gefärbter Niederschlag. Mässiger Ikterus.

16. IX. Fieberfrei. Der Urin zeigt vormittags noch deutliche Hämoglobinverfärbung und Niederschlag beim Kochen mit Essigsäure, wird aber bis 3 h. p. überreichlich, blassrothgelb, eiweissfrei und hat ein spec. Gewicht von 1003. Der Ikterus verblasst.

19. IX. St. steht auf und befindet sich wohl.

II.

22. IX. Nachmittags leichtes Fieber.

23. IX. 8 h. a. Temp. 36,4; 1 g Chinin. — 11½ h. a. Schüttelfrost. Temp. 41,0° C.; heftiges Erbrechen; blutfarbener Urin; Schmerzen in Milz und Brust.

24. IX. 6 h. a. Temp. 37,9; 9 h. a. 36,4; bleibt normal. Seit gestern Nachmittag kein Urin mehr.

24. IX. Abends ganz kleine Menge; sieht wie Blut aus.

25. IX. Sah ich den Kranken seit dem Rückfall zum ersten Mal. Haut und Conjunctiven dunkelcitronengelb; Urin fehlt bis auf einige Tropfen beim Stuhl; keine Oedeme; keine Kopfschmerzen; Sensorium frei.

26. IX. Kreuzschmerzen. Oefters Erbrechen. Vormittags 45 ccm Urin; Farbe grünlichgelb; spec. Gew. 1010; beim Kochen mit Essigsäure ⅕ Vol. ungefärbter Niederschlag; auf dem Filter: Epithelien, keine Cylinder. Nachmittags noch 25 ccm Urin.

27. IX. Allgemeinbefinden unverändert, 141 ccm Urin im Ganzen, der sich wie gestern verhält.

28. IX. Brechreiz und Rückenschmerzen geringer, Urinmenge 97 ccm im Ganzen, spec. Gew. 1008, Niederschlag beim Kochen mit Essigsäure etwa ⅕ Vol., Farbe grünlich-gelb. Auf dem Filter Epithelien der Blase und Harnwege, keine Cylinder. Hb-pCt. 25.

29. IX. Zustand unverändert, Urinmenge 120 ccm, spec. Gew. 1009.

30. IX. Fühlt sich etwas besser; Gesicht leicht gedunsen, keine Spur von Knochelödem; Urinmenge 181 ccm, spec. Gew. 1010, ¹/₁₃ Vol. Eiweiss.

1. X. Erbrechen; Nährklystiere von Eiern und Milch. Urinmenge 90 ccm (Kleinigkeit ging ins Closet).

2. X. Das Erbrechen nimmt noch zu, Morphium ist dagegen ganz wirkungslos, die Nährklystiere werden durch die Würgbewegungen rasch wieder ausgestossen. Schwächezustände. Urinmenge im Ganzen 245 ccm, spec. Gew. 1008 und 1009, ¹/₁₃ Vol. Eiweiss und weniger.

3. X. Fortdauerndes Erbrechen reichlicher Mengen dünnflüssiger, gallig gefärbter Massen. Urinmenge 71 ccm, verhält sich wie gestern.

4. X. Erbrechen dauert an, daher nichts genossen; auch die Nährklystiere werden nicht behalten. Singultus. Urinmenge 320 ccm, spec. Gew. 1009, noch etwa ¹/₂₀ Vol. Niederschlag.

5. X. Zustand wie gestern; Durchfall. Die 54 ccm Urin verhalten sich wie gestern.

6. X. Zustand dauert unverändert fort, die 54 ccm Urin von heute zeigen kaum noch Eiweisstrübung. Durchfall; etwas Champagner.

7. X. Heftiger Durchfall und Erbrechen, daher lässt sich kein Urin gewinnen, doch soll derselbe bedeutend reichlicher gewesen sein. Puls 80.

8. X. Temp. 35,6, kühle Extremitäten, Athmung geschieht mit Seufzen und Stöhnen, das Vorhandensein von Schmerzen wird geleugnet. Nachmittags rascher Kräfteverfall: kalte Glieder, facies Hippokratica: Stuhl unter sich gelassen; Aetherinjectionen; Temp. 36,1, Puls um 90, unregelmässig; Urin fehlt, doch überragt die Harnblase die Schamfuge zweifingerbreit. Nachts Tod. Die Athmung erlöscht vor dem Puls, nachdem sie die Cheyne-Stokes'sche Form angenommen hat.

Die Obduction ergab neben hochgradiger, allgemeiner Anämie, Veränderungen der Nieren und Entartung des Herzmuskels, Stauungsödem von Hirn und Lunge, sowie zahlreiche Blutaustretungen in die Schleimhaut von Magen, Jejunum und Ileum. Die Milzmaasse waren: 10 : 8 : 2,8.

24. M., Zimmermann, sehr kräftiger Mensch. Seit 10 Monaten (November 94) in Kamerun, hatte eine sehr grosse Zahl schwerer Fieber, die in der gewöhnlichen Weise mit 1–1½ g Chinin nach jedem Temperaturabfall behandelt wurden. Im Juni 95 choleriformer Anfall mit algiden Zuständen und schweren Collapsen, seitdem weiter etwa alle 14 Tage Fieber, so den 23. IX. 95.

Erhielt am 24. IX. — 7 h. a. bei normaler Temp. und Wohlbefinden 1½ g Chinin. 10 h. a. Schüttelfrost, hohes Fieber, schwarzrother Urin. 4 h. p. der Urin von normaler Farbe und eiweissfrei. So bleibt es.

28. IX. verlässt M. das Bett.

30. IX. Entlassen. Hb-pCt. 78.

II.

7. X. kommt M. wieder nach Fieberanfall ins Hospital. Temp. 38,5.

8. X. — 7 h. a. Wohlbefinden, Temp. normal. 1 g Chinin. 12 h. m. Schüttelfrost, Temp. 39,3, furchtare Cardialgien, Gallenbrechen. 3 h. p. werden 200 g schwarzrothen Urins unter heftigem Brennen in der Harnröhre tropfenweise entleert; spec. Gew. 1020; beim Kochen mit Essigsäure gerinnt fast die ganze Flüssigkeitssäule; das dicke Sediment enthält reichlich feinkörnige Cylinder und Nierenepithelien, kein Blut, Eiter etc. Morphium, heisse Umschläge. Abends befindet M. sich besser. Temp. 38,0, 160 ccm Urin von der gleichen Beschaffenheit, wie 3 h. p.

9. X. Nachts kein Schlaf; 4 h. a. neuer heftiger Schüttelfrost, hohes Fieber, erneute Beklemmungen, Erbrechen. Urin wie gestern, 750 ccm von 1012 spec. Gewicht. 7 h. a. Temp. 39,3, der Schweiss beginnt. Im Blut fand sich nach langem Suchen noch ein endoglobulärer Parasit von ⅕ Blutkörpergrösse. 10 h. a. Der spärliche Urin sieht aus wie reines Venenblut. Temp. 38. 11 h. a. Schüttelfrost, Temp. 39,3. 12 h. m. kolossaler Schweiss. 2 h. p. 550 ccm Urin von unveränderter Beschaffenheit. 4 h. p. Temp. 39,8, der Schweiss hält an. 9 h. p. Temp. 39,5—38,6, Puls 132. 755 ccm Urin. Die hochgradig anämische Hautfarbe wechselt zur ikterischen. Das Brennen beim Uriniren hört auf.

10. X. — 6 h. a. Die ganze Nacht Fieber, aber keine Fröste mehr, äusserste Anämie, schwerer Ikterus, 1100 ccm schmutzig-braunrothen Urins. 12 h. m. Temp. 39,3, Puls 132. Urinmenge 620 ccm, spec. Gew. 1012, enthält ½ Vol. schwarzbraunen Niederschlag. Hb-pCt. 21. 3 h. p. Temp. 37,5, 6 h. p. Temp. 37,4. Unruhe, viel Erbrechen, Puls 128. 9 h. p. Temp. normal, grosse Schwäche, Puls 128. Urin 1420 ccm, hellrubinroth.

11. X. Erbrechen lässt nach, Milch mit Ei als Nährklystiere. Höchste Temp. 37,9. Im Laufe des Tages werden über 3000 ccm strohgelben Urins von 1013 spec. Gew. entleert. Hb-pCt. 14!!

12. X. 6 h. a. Temp. 38,0. Puls 132. Urin reichlich, spec. Gew. 1012, Spur von Eiweisstrübung noch vorhanden. — 3 h. p. Temp. 39,6; keine endoglobulären Parasiten; starke Leukocytose. — 6 h. p. Temp. unverändert.

13. X. Morgens Temp. 38,6. — 3 h. p. 39,3, die Pulsfrequenz fiel vorübergehend auf 116, sonst schwankte sie zwischen 128 und 140. Viel Phantasiren; im Blut durchaus keine Parasiten zu finden, auch kein Pigment in den Leukocyten. Urin sehr reichlich, strohgelb; spec. Gew. 1013, nur Spur einer Eiweisstrübung beim Kochen mit Essigsäure. Hb-pCt. 14. Abends Zustand besser, in der Nacht wieder Fieber.

14. X. Vormittags vorübergehend 37,6 und 37,4, abends wieder 39, Puls 138; durch Einlauf grosse Massen rein goldgelben Stuhls herausbefördert, Schweiss. Die Milz überragt den Rippenbogen um gut Zweifingerbreite; Leber nicht vergrössert. Der Ikterus geht zurück; das Wohlbefinden ist stets am grössten bei höchster Temperatur. Alkohol; sehr viel Milch, die nicht mehr erbrochen wird.

15. X. Temp. morgens 39,8, Puls 140. Trotzdem ist der Kräftezustand entschieden gehoben. Hb-pCt. 18,5. — 12$^1/_2$ h. p. Starker Schweiss. Temp. 39,0. Die rothen Blutkörperchen schwanken in ihrer Grösse von $^1/_3$ bis zum Dreifachen des Normalen, die Megalocyten lassen schon ungefärbt einen grossen, runden Kern sehr deutlich erkennen. Typische endoglobuläre Parasiten fehlen durchaus, ob in einigen Leukocyten einzelne Pigmentstäubchen vorhanden sind, bleibt zweifelhaft. Die Milz ist etwas zurückgegangen.

16. X. 8 h. a. Temp. 38,8; 1 g Chinin innerlich. Das Chinin wurde dem Kranken als Opium suggerirt, und so schlief er zum ersten Mal seit 10$\times$24 Stunden, 3 Stunden lang. — 12 h. m. Temp. 39,4, Puls 148. Nahrungsaufnahme noch immer gut; ausser 5—6 Liter Milch, Eiern, Schinken, Weissbrod, jetzt noch 2$^1/_2$ Flasche Wein pro Tag. — 6 h. p. Temp. 38,7, Puls 124. Zur Nacht $^1/_2$ g Chinin für Opium.

17. X. M. fühlt sich bedeutend besser. Temp. 38,7, Puls 124. — 8 h. a. 1 g Chinin für Opium. Schlaf. Abends Temp. 38, Puls 104. Hb-pCt. 30. $^1/_2$ g Chinin.

18. X. Höchste Temp. 38,3. Allgemeinbefinden sonst viel besser.

19. X. Temp. normal. Hb-pCt. 30.

21. X. Rasch fortschreitende Reconvalescenz. Hb-pCt. 34. Die kernhaltigen Erythrocyten sind verschwunden. M. klagt seit einigen Tagen über Sehstörungen.

24. X. Die heute mögliche Augenspiegeluntersuchung ergiebt beiderseits Netzhautblutungen. Hb-pCt. 42,5.

30. X. Die purpurrothen Verfärbungen in der Netzhaut haben weissliches Colorit angenommen. Sehvermögen wieder hergestellt. Hb-pCt. 45.

31. X. Temp. über 39,0. Allgemeinbefinden wenig gestört, nur Appetit geringer.

1. XI. Temp. überschreitet kaum 38,0. Hb-pCt. 43.

2. XI. Morgens mehrfach Gallenerbrechen. Temp. 40° C. Im frischen Blut spärliche, kleinste, ringförmige Parasiten. — Abends Temp. 38. 1 g Chinin für Opium.

3. XI. 6 h. a. Temp. 38,2. — 9 h. a. Temp. 37,6. Im Blut keine Parasiten mehr vorhanden. — 10 h. a. 1 g. Chinin.
4. XI. Morgens 1 g Chinin, blieb zunächst fieberfrei.
7. XI. Hb-pCt. 53. Im Laufe des November hatte M. dann noch einen Fieberanfall mit Temperaturanstieg bis 40° C. durchzumachen; da nur eine Parasitengeneration vorhanden war, so liess sich die Infection mit 1 g Chinin definitiv beseitigen. Seitdem nahm M. fünftägig ½ g Chinin und blieb fieberfrei, bis er im December nach Deutschland zurückkehrte.
Sehr bemerkenswerth sind in diesem Fall die Temperatursteigerungen vom 12.—18. X. bei völligem Fehlen der Parasiten, subjectivem Wohlbefinden, überreichlicher Nahrungsaufnahme und intensivster Blutneubildung. Vielleicht hing hier die erhöhte Körperwärme mit letzterer zusammen, und das Sinken derselben nach dem Chiningebrauch mit der dadurch vorübergehend deutlich aufgehaltenen Blutregeneration.

25. C., Pflegeschwester, 37 Jahre alt. Seit 7 Monaten (April 95) in Kamerun thätig, hatte C. während der ersten 2 Monate mit nur kurzen Unterbrechungen beständig Fieberanfälle, die sich bei der schwer nervösen Pat. durch starke Magenaffectionen und eine hier sonst unerhörte Widerstandskraft gegen Chinin auszeichneten. Seit Mitte Mai 7 tägig 1 g Chinin prophylaktisch. Der Erfolg war unvollständig, aber immerhin derart, dass die schwer zu beeinflussende C. dadurch veranlasst wurde, ihr Gramm Chinin gegen ärztlichen Rath alle 5—6 Tage zu nehmen. Seitdem kein Fieber von einigem Belang bis October 1895. Der Hbgehalt des Blutes, welcher nach den ersten 6—8 Wochen auf 50 pCt. gesunken war, bewegt sich schon lange zwischen 70 und 80 pCt. Am 10. X. betrug er 75 pCt. Ende October Erfrischungsfahrt nach Edea und Malimba. Wegen Verdauungsstörung Chininprophylaxe ausgesetzt, gleichzeitig den Magen überladen und viertelstündiges Seebad bekleidet in der Brandung genommen. Schwere Erkältung.

13. XI. Wegen Uebelbefindens das ausgesetzte Chinin à 2 × ½ g morgens wieder probirt und theilweise erbrochen. — 12 h. m. Schüttelfrost, hohes Fieber, Erbrechen. — 4½ h. p. Neuer Schüttelfrost, Temp. 39,0, Erbrechen. Der spärliche, wie reines Venenblut gefärbte Urin unter Brennen und Schneiden entleert; beim Kochen mit Essigsäure ¾ Vol. schwarzbrauner Niederschlag. Später Cardialgien, Präcordialangst, Unruhe, Erbrechen, Durchfall.

14. XI. Die Erscheinungen haben sich gesteigert. — 5 h. a. Temp. 38,7. Morphiuminjectionen schaffen vorübergehend mehrfach Erleichterung. Starker Icterus. In der Nacht 450 ccm dunkelrubinrother Urin, spec. Gew. 1017, ⅔ Vol. Coagulum; der Bodensatz im Spitzglas fast 0. Mikroskopisch: amorphe Urate, körnige und Epithelcylinder, Epithelien der unteren Harnwege, kein Blut, Eiter, Pigment etc. Im frischen Blut vereinzelte Schatten, Leukocytose. Ein endoglobulärer, pigmentirter Parasit von ¼ der Grösse eines Erythrocyten. — 10 h. a. Temp. 39,0, kein Frost; heftiges Gallenbrechen. — 6 h. a. bis 12 h. m. 485 ccm dunkelkirschrothen Urin, der sich verhält wie der frühere; spec. Gew. 1010. Der Icterus nimmt zu. — Abends Urinmenge 720 ccm, spec. Gew. 1012. Die Temperatur sinkt.

15. XI. Temp. normal. Der Urin, welcher Morgens noch kirschroth gefärbt war und ⅓ Vol. Coagulum zeigte, beträgt bis zum Abend 6 h. p. 620 ccm mit 1013 und 1014 spec. Gew., hat gelbbraune Farbe angenommen und enthält nur noch Spuren von Eiweisstrübung. Der Icterus beginnt zu verblassen. Hb-pCt. 36,5.
16. XI. Zuweilen Schwächezustände, sonst allmälige Besserung.
21. XI. Hb-pCt. 41.
22. XI. 9 h. a. Erbrechen, Kopfschmerz, Temp. 38,2. Im Blut ziemlich zahlreiche, pigmentlose, lebhaft bewegliche, endoglobuläre Amoeben von ⅛ bis ⅓ der Grösse des Blutkörperchen. Allerkleinste Ringformen. Nachdem die Temp. 39,0 erreicht hatte, bald Schweiss und Abfall. Abends 1 g Chinin intramuskulär. Einige Stunden später Schüttelfrost, Fieber. Urin blieb normal.
23. XI. Temp. normal. 1 g Chinin intramuskulär. Kein neuer Fieberanfall. Das Allgemeinbefinden bessert sich.
27. XI. Hb-pCt. 48.
10. XII. Hb-pCt. 61.
Kein Rückfall bis Januar, wo C. Kamerun mit leichtem Fieber verlässt. Kurz nach der Ankunft in Hamburg wieder Fieber, und nach reichlichem Chiningebrauch Schwarzwasserfieber, das in Genesung ausging.

26. S., Hülfsgärtner, Mitte der Zwanzig, klein, kräftig. S. ist seit 9 Monaten in Kamerun thätig; vorher befand er sich 1 Jahr in Togo. Hier war er gesund, während er in Kamerun eine grosse Anzahl mehr und weniger schwere Fieber durchmachte, die er meist ungenügend behandelte.
3. XI. 95. Choleriforme Gastroenteritis.
4. XI. Beschwerden nach Opium fast verschwunden; doch tritt leichtes Fieber auf. Hb.-pCt.75. Im Blut Vormittags einzelne kleine pigmentlose Amoeben.
5. XI. Bei Wohlbefinden und normaler Temperatur 1 g Chinin. — 12 h. m. leichtes Frieren, Temp. 39,3. Die Milz überragt den Rippenbogen fingerbreit. Leber nicht vergrössert. Der Urin sieht aus wie reines Venenblut. Die Temperatur fällt noch am selben Abend.
6. XI. Temp. normal. Im Blut keine Parasiten mehr. Leichter Icterus. Urin strohfarben, eiweissfrei. Hb-pCt. 65.
13. XI. entlassen.
17. XI. Nach Buea (in's Gebirge) versetzt, wo er einige Fieber, angeblich auch ein Schwarzwasserfieber, durchzumachen hatte, bevor seine Acclimatisation beendet war. März 96 war er noch dort thätig.

27. S., Missionar. Seit etwa 12 Monaten in Kamerun; hat nur leichte Fieber gehabt und wenig Chinin genommen, wie er angiebt.
11. XI. fühlt er sich fieberig und nimmt daher 8 h. p. 1 g Chinin. — 12 h. m. heftiger Schüttelfrost, hohes Fieber, Urin bleibt hell.
12. XI. Morgens Temperatur normal; angeblich kein Chinin wieder genommen. — 12 h. m. neuer Schüttelfrost, hohes Fieber; blutfarbener Urin: Icterus.
13. XI. Der inzwischen unter heftigem Brennen gelassene Urin ist noch dunkler rothgefärbt. Starker Schweiss. 4 h. p. Keine Parasiten im Blut. Beim Kochen mit Essigsäure ¼ Vol. Coagulum von schwarzbrauner Farbe.

14. XI. Temp. morgens 37,2, Wohlbefinden, starker Ikterus, starker Magenkatarrh. Urin noch hämoglobingefärbt.
16. XI. Es ging weiter gut, doch zeigt der Urin noch immer Spuren bräunlicher Trübung beim Kochen.
18. XI. Urin hell und beim Kochen klar. Pat. entlassen.

II.

19. und 23. XI. Fieber und heftige Kopfschmerzen. Nahm 21. und 23. je $1\frac{1}{2}$ g Chinin, worauf Besserung eintrat.
24. XI. 8 h. a. 1 g Chinin bei normaler Temperatur. 11 h. a. Uebelbefinden. 5 h. p. Schüttelfrost, hohes Fieber: schwarzrother Urin. $11\frac{1}{2}$ h. p. zweiter Schüttelfrost.
25. XI. 12 h. m. Temp. 38,2. Urin reichlich, rubinroth mit Stich ins Braune, Ikterus. Die Milz überragt den Rippenbogen fingerbreit.
26. XI. Der Ikterus verschwindet. Urin kaum noch gefärbt, weniger reichlich, spec. Gew. 1024, enthält zahlreiche feinkörnige Cylinder und verfettete Epithelien.
28. XI. Urin hell, eiweissfrei. Entlassen.

Hatte Mitte December wieder 2 Malariafieberanfälle mit Schwächezuständen und Collapsen, vertrug aber diesmal das Chinin, ohne dass Schwarzwasserfieber auftrat. Seitdem in Mangamba thätig, wo es ihm gut geht.

28. L., Unterofficier. Seit 18 Monaten (Mitte 1894) im Kamerungebiet auf verschiedenen Stationen thätig und an verschiedenen Expeditionen betheiligt. Hat häufig leichte und schwere Fieber gehabt mit mehrfach über 41,0° C. Temp.; nach Abfall $1-1\frac{1}{2}$ g Chinin genommen.

Seit 6 Monaten in Buea, wo er Dysenterie hatte und eine Lymphangoitis des Beins mit Bubonen durchmachte.

3. X. Nach kurzem Aufenthalt in Victoria Fieber mit heftigem Erbrechen, Kreuzschmerzen und Temperaturen bis 41,6; das Fieber fällt bis zum Abend.
4. X. 8 h. a. 1 g Chinin. Um 11 Uhr vierstündiger heftiger Schüttelfrost, Temp. 41,3. Athemnoth, Beklemmungen; gleichzeitig reichliches Bluterbrechen und viel Blut in den zahlreichen diarrhoischen Stühlen. Zehn Stunden später ist die Temp. normal, doch halten der blutige Urin, das Blutbrechen und die blutigen Stuhlgänge noch 3 Tage an. Aeusserste Schwäche.
21. X. L. hat sich wenig erholt und leidet an Sehstörungen, besonders rechts.
26. X. Wird L. ins Hospital nach Kamerun gebracht. L. ist sehr matt und schwach, äusserst blass. Kaum zählbarer, sehr schwacher Puls, Temperatur steigt vorübergehend auf 38,3. Die Milz ist unter dem Rippenbogen eben fühlbar. Hb-pCt. 40. Urin reichlich, spec. Gew. 1007, eiweissfrei.
29. X. Die Reconvalescenz schreitet fort, die Sehstörungen dauern an; der Augenspiegel lässt jedoch keine Veränderungen am Hintergrund erkennen.
5. XI. Hb-pCt. 47.
10. XI. 3 h. p. Temp. 40,5, ohne grosse subjektive Beschwerden.
11. XI. 9 h. a. fieberfrei. Im Blut pigmentirte Parasiten. Kein Chinin riskirt; dennoch blieb L. fieberfrei.

14. XI. Hb.-pCt. 45.
21. XI. Hb-pCt. 59.
25. XI. Hb-pCt. 60.
26. XI. Entlassen.
1. und 2. XII. Starker Fieberanfall mit Schüttelfrost; nimmt je 1 g Chinin nach Fieberabfall und befindet sich seitdem vorzüglich, bis er 14 Tage später Heimathsurlaub antritt.

29. J., Maschinenschlosser. Seit 2 Jahren im Kamerungebiet, zuerst in Victoria, dann seit 3 Monaten in Kamerun selbst. Hatte öfters kleinere Fieber, die er bald mit $1/2$ g, bald mit $2^1/_2$ g Chinin pro dosi behandelte. Auch dazwischen nahm J. noch gelegentlich $1/2$—1 g Chinin.

Am 12. XI. 1895 erkrankte J. an Bord des Dampfers in Viktoria nach Antritt seines Heimaturlaubs und entsprechendem Alkoholexcess morgens mit Fieber und Erbrechen; abends nach Fieberabfall 1 g Chinin.

13. XI. Morgens blutrother Urin. J. wird ausgeschifft und am 15. XI. ins Hospital nach Kamerun gebracht. Temp. 3 h. p. 36,8. Urin dunkelrubinroth. Leichter Ikterus.

17. XI. Temp. normal. Urin hell, eiweissfrei.
21. XI. Die Kräfte haben rasch zugenommen. Hb-pCt. 62.
25. XI. Entlassen.

II.

28. und 29. XI. wieder Fieberanfälle, die mit Erbrechen und Schüttelfrost einsetzten und unter hohen Temperaturen verliefen.

30. XI. Ins Hospital aufgenommen. 12 h. m. Temp. 40,5. 9 h. p. Temp. 37,4. 1 g Chinin.

In der Nacht zum 1. XI. 1895 Schüttelfrost, schwarzrother Urin. Temp. über 40° C. Morgens Ikterus. Im Verlauf des Tages fällt die Temp. zur Norm und Abends ist auch der Urin hell und eiweissfrei.

6. XII. Wird noch recht elend an Bord des Dampfers gebracht und soll später noch ein schweres Schwarzwasserfieber durchgemacht haben.

30. K., Zollbeamter. Seit 13 Monaten im Kamerungebiet: 11 Monate im Rio del Rey, 2 in Kamerun selbst. Hatte fast allmonatlich leichtere Fieber, die mit je zweimal $1/2$—1 g Chinin beseitigt wurden; einige Male stieg die Temp. über 41° C. Im ganzen hat K. sich immer wohl gefühlt; er wird am 28. XI. wegen seiner enorm blassen Gesichtsfarbe zur Untersuchung geschickt; dieselbe ergiebt keine Anomalien. Hb-pCt. 80.

3. XII. Fieberanfall; derselbe beginnt mit Schüttelfrost und Erbrechen; die Temp. steigt bis 41,3. Abends 38,7; Kopf- und Milzschmerzen.

4. XII. Temp. normal; 12 h. m. $1^1/_2$ g Chinin; 3 h. p. kühles Bad; kurz darauf Schüttelfrost, Beklemmungen, Dyspnoe, Harndrang, schwarzrother Urin. 7 h. p. Temp. noch 39,5; das Schweissstadium beginnt. Kommt ins Hospital.

5. XII. In der Nacht Schüttelfrost; Temp. nicht gemessen. — 9 h. a. neuer Schüttelfrost, Fieber, Präcordialangst, Cardialgien, Erbrechen, grosse Unruhe und Schwäche; Ikterus. Im Blut keine Parasiten. Urin schwarzroth, spec. Gew. 1022,

¹/₄ pCt. Niederschlag von der gewöhnlichen Beschaffenheit. Auf dem Filter: Pigmenthäufchen und Bruchstücke feinkörniger Cylinder. — 12 h. m. Wieder Schüttelfrost; Temp. 39,1. Das subjective Befinden hat sich seit einer Morphiumgabe gebessert. 475 ccm Urin von 1007 spec. Gew. Im Spitzglas diesmal reichlicher Bodensatz, der Detritus, Pigment und Cylinderbruchstücke enthält; das beim Kochen mit Essigsäure gebildete schwarzbraune Coagulum nimmt die ganze Höhe der Flüssigkeitssäule im Reagenzglas ein, löst sich aber fast vollkommen bei Zusatz einiger weiterer Tropfen Essigsäure.

Gegen Abend vierter Schüttelfrost. — 6 h. p. Temp. 39,3; profuser Schweiss; Schwäche. — 9 h. p. 500 ccm Urin; spec. Gew. 1012; ¹/₆ Vol. Niederschlag, der sich bei fortgesetztem Kochen ganz löst. — Temp. 37,4.

6. XII. Temp. normal; Hautfarbe äussert blass. Urin reichlich: zeigt Nachmittags die inzwischen fast verschwundene Hämoglobinfarbe noch für kurze Zeit wieder; dann wird er völlig normal.

10. XII. Die Reconvalescenz schritt ungestört fort. Hb-pCt. 27.

Kehrte dann im Januar 96 nach Hause zurück, ohne wieder Fieber gehabt zu haben.

31. D., Bootsmann. War ein Jahr an Bord des damaligen „Nachtigal" in Kamerun thätig, trat dann zu Anfang November 95 in den Gouvernementsdienst über und kam nach Edea. — Bis dahin hatte D. nur einmal kurz nach seiner Ankunft im Herbst 94 Fieber und nahm damals an Bord des „Cyclop" (Lazareth-hulk der Kriegsmarine) im Ganzen 10 g Chinin. In Edea einige leichte Fieber: nach jedesmaligem Temperaturabfall je 1 g Chinin.

3. XII. Kommt D. dienstlich nach Kamerun; er fühlt sich ohne bewussten Grund gemüthlich stark deprimirt; nimmt 9¹/₂ h. a. ¹/₂ g Chinin. — 12 h. m. nach Rückkehr von kurzer Geschäftsfahrt auf dem Fluss sehr matt; der gelassene Urin ist reichlich, auch in dünner Schicht bei durchfallendem Licht tief schwarzroth, giebt etwas Bodensatz im Spitzglas und beim Kochen mit Essigsäure ⁴/₅ Vol. Coagulum. Dabei völliges subjectives Wohlbefinden, von leichtem Kopfschmerz abgesehen. 2 h. p. ins Hospital; Temp. 39,0; Wohlbefinden; Andeutung von Icterus. — 6 h. p. Temp. 38,4; Urin reichlich; spec. Gew. 1012; Hämoglobinfärbung eben noch erkennbar; Coagulum noch gefärbt. — 9 h. p. Temp. 37,4, Urin reichlich, fast wasserhell; spec. Gew. 1002; keine Spur von Eiweiss.

4. XII. Fortdauerndes Wohlbefinden; keine Milzvergrösserung; Icterus kaum noch erkennbar. Temp. normal.

9. XII. Entlassen.

II.

10. XII. Soll wieder Fieber haben; wird daher zur Untersuchung ins Laboratorium bestellt; dort 3¹/₂ h. p. Temp. 38,3 bei angeblich völligem Wohlbefinden. Im frischen Blut durchaus keine Parasiten zu finden. D. erhält sofort 1 g Chinin. Kaum 5 Minuten später, bevor D. seine Wohnung erreichte, Schüttelfrost; Temp. 41,4; schwarzrother Urin. Wird ins Hospital gebracht.

11. XII. Morgens Urin hell, eiweissfrei; Temp. normal, Hb-pCt. 45. Abends steigt die Körperwärme noch einmal für kurze Zeit auf 40. Während der nächsten Tage nur noch 37,6—38,0° C.

17. XII. Hb-pCt. 55; Temp. blieb normal. Den Vorschlag heimzukehren lehnt D. ab.
20. XII. Abends $1\frac{1}{2}$ g Chinin; Nachts Schüttelfrost, Fieber.
21. XII. Kurze Temperatursteigerung bis 39,8; die subjectiven Beschwerden waren an beiden Tagen gering. Chinin erhielt D. nicht wieder.
23. XII. Hb-pCt. 65.
25. XII. Entlassen.

III.

3. I. 96. Fieberanfall.
4. I. Die gesunkene Temp. steigt rasch wieder; dennoch Abends $1\frac{1}{2}$ g Chinin genommen. $1\frac{1}{2}$ Stunden später fürchterlicher, anhaltender Schüttelfrost (D. ist dadurch aus dem Bett geschleudert worden); Angstgefühl so entsetzlich, dass D. laut nach Hülfe schreit.
5. I. Früh morgens ins Hospital. (Ich war beurlaubt). Temp. 40,3; mit dem beständigen Erbrechen und den unwillkürlichen Stuhlentleerungen werden einige Tropfen blutig-schwarzen Urins herausbefördert; dann wird kein Urin mehr gelassen. Schwächegefühl, schwerer Ikterus. — 9 h. p. Temp. noch 39,3.
6. I. Temp. zwischen 37,0 und 36,5; kein Urin.
7. I. Temp. bis 37,5; 40 ccm Urin.
8. I. Temp. bis 37,6; kein Urin.
9. I. Früh morgens „ein wenig Urin" ins Becken. Abends sah ich den Kranken zuerst.

Gesicht eingefallen; Hautfarbe fahlgrau. Stomatitis. Mehrmals täglich Erbrechen; die Verstopfung wird durch Klystiere bekämpft. Temp. normal; Puls etwas leer, aber kräftig und regelmässig; 80 Schläge in der Minute. Kein Urin.

10. I. Zustand unverändert. — 6 h. a. 24 ccm Urin von grünlich-gelbbrauner Farbe; beim Kochen mit Essigsäure $\frac{1}{3}$ Vol. bräunlich gefärbtes Coagulum. — 6 h. p. 23 ccm Urin. Temp. normal. Puls 90, schwächer. Keine Milzvergrösserung nachzuweisen, keine subjectiven Beschwerden, ausser Schwäche und Erbrechen. Abends und in der Nacht etwas Urin verloren. Die genossene Milch wie alle anderen Speisen wieder erbrochen.

11. I. Zustand unverändert. Im Ganzen 35 ccm Urin von der gleichen Beschaffenheit, wie gestern; das Coagulum zeigt immer noch Spuren von Braunfärbung; auf dem Filter keine Nierencylinder oder sonstigen Formelemente, bis auf einige gröbere Epithelien. Hb-pCt. 22, Blutkörperzahl 1.248,000. Abends etwas Schlaf und vorübergehendes Schwinden des Brechreizes nach kleinem heissen Punsch.

12. I. Zustand unverändert. Die Nährklystiere lösen Durchfall aus. Die mehrfach versuchten Quincke'schen Schwitzbäder werden nicht ertragen; Heisswasserbäder besser. Die 58 ccm Urin verhalten sich wie gestern. Gegen Abend trübt sich das Sensorium zeitweise, der Puls wird frequenter und setzt zuweilen aus. Temp. normal. Aetherinjectionen.

13. I. 6 h. a. Puls 90, kräftiger; sonst Zustand unverändert; Urinmenge 55 ccm, verhält sich wie gestern; Coagulum immer noch etwas gefärbt. Blase leer. — 5 h. p. Leber und Milz nicht nachweisbar vergrössert. Herzdämpfung nicht verbreitert; erster Herzton sehr leise, zweiter auch über der Herzspitze accen-

tnirt, über der Basis gespalten. Puls 90, klein, leer, regelmässig. Keine Oedeme, leichter Stirnkopfschmerz, Sprache deutlich, Stimmung deprimirt. Die Nährklystiere gehen ins Bett. — 5¼ h. p. wird es dem Kranken nach seiner lauten Versicherung „plötzlich ganz wohl", während die Athmung flach wird und nach 3 Minuten stockt: der Puls bleibt noch kurze Zeit fühlbar.

Die Obduction ergab im Wesentlichen: Allgemeine Anämie; Veränderungen der Nieren; Milzvergrösserung (18:11:4,2) — die Milz lag der Palpation und Perkussion unzugänglich, neben der Wirbelsäule, mit der Längsaxe dieser parallel — Blutungen in die rechten, in ganzer Ausdehnung leicht verwachsenen Pleurablätter; Lungenödem; Entartung des Herzmuskels.

32. B., Unterofficier. Seit 18 Monaten — Juli 94 — im Kamerungebiet; theils an Expeditionen, theils auf der Jossplatte selbst thätig. An schweren Fiebern litt B. seltener, desto öfter an Verdauungsstörungen, die zum Theil auf seine mangelhafte Mundpflege zurückzuführen sind. October 94 mit scorbutartigen Erscheinungen im Hospital. Den Feldzug durch das Bakoko-Gebiet machte B. grösstentheils in der Hängematte mit und kehrte Ende Juni sehr elend nach Kamerun zurück. Am 25. VI. mit hohem Fieber ins Hospital aufgenommen, bot B. das Bild der Malariakachexie: Blasse Schleimhäute, gelbgrauer Teint, starke Abmagerung, grosse Milz (22:13), chronischer Magen-Darmkatarrh. Hb-pCt. 37. Unter entsprechender Behandlung erholte B. sich allmälig.

13. VII. Hb-pCt. 54.

20. VII. Hb-pCt. 60. Wird entlassen.

13. XII. Wieder Fieber, wie mehrmals, seit der Entlassung im Juli.

14. XII. Morgens Temp. normal, 1 g Chinin. — 6 h. p. Frost, 7 h. p. Temp. 40,5, schwarzrother Urin. — 9 h. p. Aufnahme ins Hospital, 360 ccm dunkelblutrother Urin.

15. XII. 6 h. p. Temp. 37,9; Ikterus; Urin rubinroth; Menge etwa 1½ Liter; spec. Gew. 1010; enthält ¼ Vol. schwarzbraunen Niederschlag, der bis zum Abend auf ⅛ Vol. zurückgeht. — Das 6 h. a. ziemlich reichliche Sediment im Spitzglas besteht aus amorphen Uraten und Detritus; keine Nierencylinder. — 12 h. m. Temp. 38,6. Der Urin sedimentirt nicht mehr. — 3 h. p. Temp. 37,3, bleibt normal. Im Blut 11 h. a. keine Parasiten mehr. Der Ikterus nimmt bis zum Abend zu; die Milz überragt den Rippenbogen zweifingerbreit.

16. XII. Wohlbefinden. Die Milzschwellung geht zurück. Der Ikterus schwindet. Die Urinmenge ist 6 h. a. normal; spec. Gew. 1015; der Urin ist viel heller, zeigt beim Kochen aber noch ¹⁄₂₀ Vol. gefärbtes Coagulum. — 6 h. p. Urin hell, klar; bleibt so, auch beim Kochen mit Essigsäure; Menge geringer; spec. Gew. 1023.

17. XII. Rasche Convalescenz. Hb-pCt. 41.

23. XII. Hb-pCt. 60, Pat. steht auf. B. hatte in Kamerun dann kein Fieber wieder, ging aber bald nach Deutschland auf Urlaub.

33. M., Zimmermann. Seit 14 Monaten - November 94 — im Kamerungebiet thätig; zuerst auf der Jossplatte selbst, wo er viele und zum Theil schwere Fieber hatte, so dass der Hämoglobingehalt seines Blutes vorübergehend bis auf

47 pCt. sank, später in Edea. Dort ging es M. anfangs besser; dann aber stellten sich auch da alle 14 Tage leichtere, zweitägige Fieber ein. Jedesmal danach nahm M. ½ g Chinin; so auch am 1. Januar 1896. Am 8. I. nachts, ohne dass seit dem 1. Chinin genommen war, oder sich sonst eine Ursache finden liesse, Schüttelfrost, Fieber, Erbrechen, Kopf- und Rückenschmerzen. Urin reichlich, blutroth.

Das Fieber dauerte (nach Bericht) zwei Tage, die Rothfärbung des Urins drei Tage. Die Farbe von Haut und Skleren war intensiv citronengelb. Chinin wurde nicht mehr genommen.

17. I. Als M. endlich transportfähig schien, wurde er per Boot aus Edea nach Kamerun ins Hospital gebracht. Pat. ist sehr verfallen. Hautfarbe fahlgraugelb, Conjunctiven schmutzig-citronengelb, Schleimhäute kaum gefärbt. Die Milz überragt den Rippenbogen dreifingerbreit, Leber nicht vergrössert. Appetit und Schlaf vorhanden. Der Urin ist reichlich, klar grünlich-strohgelb, eiweissfrei, spec. Gew. 1008. Temp. blieb normal.

18. I. Hb-pCt. 27, Blutkörperzahl 1666000.

25. I. Hb-pCt. 37.

30. I. Während der letzten Tage leichte Temperatursteigerungen, den 29. I. bis 39,0; dabei keine wesentlichen Störungen des Allgemeinbefindens. Sehr stark galliger Durchfall. Im Blut keine Parasiten, kein Chinin. Hb-pCt. 31.

31. I. Temp. blieb normal. Im Blut keine Parasiten zu finden. Hb-pCt. 28,5, Blutkörperzahl 1540000. Leichter Ikterus. Morgens und abends je ½ g Chinin; wird gut ertragen.

1. II. Wohlbefinden, Hb-pCt. 31,5, Blutkörperzahl 1604000. Reichlicher, stark gallenartiger Stuhl.

8. II. Hb-pCt. 46. M. nimmt 5tägig ½ g Chinin bei gutem Wohlsein.

17. II. Hb-pCt. 60.

18. II. Hb-pCt. 62, Blutkörperzahl 3480000. Kehrt im März nach Deutschland zurück.

34. P., Kaufmann. Seit fast 2 Jahren in Kamerun; hatte viele leichtere und auch schwerere Fieber, die er nach Gutdünken mit Chinin behandelte.

14. I. 96. Nach einer wegen leichten Fiebers genommenen Chiningabe von ⅔ g Chinin Schüttelfrost, Fieber, Erbrechen, schwarzrother Urin.

Am 25. I. nachmittags Temp. 38,1. Ikterus. Urin gelbbraun mit Stich ins Rothe.

16. I. Wohlbefinden; Temp. normal; rasche Reconvalescenz. Bis März 96 hat P. ärztlicher Hilfe nicht mehr bedurft.

35. N., Maschinenschlosser, 25 Jahre, mittelgross, kräftig gebaut. Seit 16 Monaten in Kamerun; hat seit Jahresfrist nur leichte Fieber gehabt und etwa alle 14 Tage 1 g Chinin genommen, „wenn ihm schlecht war". Ebenso heute, den 31. III. 96 — 9 h. a., nachdem er morgens noch zum Dienst ging. 11 h. a. Schüttelfrost, hohes Fieber, Erbrechen. 2 h. p. schwarzrother Urin, kurz darauf Schweiss. 3 h. p. Temp. noch 40,5, 6 h. p. 39,9, Beklemmungen, Magenschmerzen. Urin wie vorher. Ikterus. 9 h. p. Temp. 39,1. Die Milz überragt den Rippenbogen 2 fingerbreit; Leber nicht vergrössert — nicht druckempfindlich. Urinmenge seit 2 Uhr

760 g, Farbe schwarzroth, spec. Gew. 1015, reichlicher Bodensatz, der ausser amorphen Uraten mit Detritus feinkörnige Cylinder enthält. $^2/_3$ Vol. Coagulum; dasselbe nimmt bei Zusatz von etwas Essigsäure tiefschwarze Farbe an.

1. IV. In der Nacht wieder Schüttelfrost und Temperaturanstieg, erneutes Erbrechen. 6 h. a. Temp. 38,4, Puls klein, unregelmässig, etwa 120. 9 h. a. dritter Schüttelfrost, Temp. 40,6, Erbrechen. Urinmenge seit gestern Abend 120 ccm. Urin bei durchfallendem Licht in dünner Schicht tiefschwarzroth, bei auffallendem tiefschwarz. Schaum gelblichroth, $^2/_3$ Vol. Coagulum beim Kochen, spec. Gew. 1008. Auf dem Filter vereinzelte Cylinder, sehr viel Blasenepithelien, Hb-pCt. 64. Im Blut fand sich nach langem Suchen noch ein amöboider Parasit von etwa $^1/_{12}$ Blutkörpergrösse. 11 h. a. profuser Schweiss; der Ikterus hat beträchtlich zugenommen, Puls um 100, kräftiger; Temp. 38,4. Urinmenge seit gestern bis Abends 6 h. p. 200 ccm, Farbe unverändert, spec. Gew. 1013, $^2/_3$ Vol. Coagulum. Kurz darauf neuer Fieberanstig ohne Frost bis 39,9, Cardialgie. 9 h. p. Temp. 39,4. 0,01 Morphium subcutan. Reichlicher Schweiss.

2. IV. Haut und Sklerae dunkelcitronengelb; keine Schmerzen mehr; etwas Dyspnoe; Puls 120, Temp. 38,2. Starker Schweiss; Brechreiz; Zunge belegt. Pat. erhält viel kohlensäurehaltiges Wasser, da die Milch von ihm erbrochen wird. Urinmenge seit gestern abend 800 ccm, spec. Gew. 1013—1011, Farbe schwarzroth, wie gestern, doch ist ein Stich in's Braune unverkennbar. Im Blut durchaus keine Parasiten zu finden, dasselbe lässt keine Veränderungen unter dem Mikroskop erkennen, ausser dass es zahlreiche Mikrocyten führt. Hb-pCt. 49, Blutkörperzahl 2630000. 9 h. p. Temp. 37,8, Puls 100, Urinmenge 430, spec. Gew. 1013, auch sonst Beschaffenheit des Urins wie bisher. Durchfall. Nach lauem Bad Schlaf.

3. IV. In der Nacht wenig Schlaf wegen Magenschmerzen. 6 h. a. Temp. 37,1. 9 h. a. Temp. 36,8. Hb-pCt. 37. Tiefbräunlichgelbe Farbe von Haut und Skleren. Schleimhat von Lippen und Mund kaum sichtbar röthlich gefärbt.

Die Milz überragt den Rippenbogen zweifingerbreit. Leber nicht vergrössert, nicht druckempfindlich. Der Durchfall dauert fort; Abends Leibschmerzen, die 0,01 g Morphium rasch weichen.

Urinmenge bis zur Nacht 1300 ccm, Farbe braungelb mit Stich ins Grünliche, spec. Gew. 1012. Auf dem Filter leuchtend goldgelbe Nierencylinder und massenhaft amorphe Urate. Die Probe auf Gallenfarbstoff ergiebt auch heute negatives Resultat. $^1/_3$ Vol. Coagulum. — Abends laues Bad, in der Nacht Schlaf.

4. IV. 11 h. a. Hautfarbe grünlich braungelb, auf Armen und Beinen leuchtend goldgelb. Brechreiz geringer, Durchfall dauert an. Milch, Bouillon mit Ei. Urin reichlich, alkalisch; Farbe schwarzgrün fluorescirend; Schaum gelbgrün, spec. Gew. 1009, $^1/_3$ Vol. Coagulum. Hb-pCt. 27. Blutkörperzahl 1520000. Im Blut keine Parasiten zu finden. Reichlicher Milchgenuss, Kopfschmerzen. — 6 h. p. Temp. 39,1, Puls 104. Urin schwarzbraun mit Stich ins Grüne; beim Kochen bildet sich erst nach Ansäuern $^1/_6$ Vol. Coagulum, das schmutzig-smaragdgrüne Farbe zeigt.

5. IV. 6 h. a. In der Nacht kein Schlaf wegen Kreuzschmerzen. Temp. 38,0, Puls um 100. Ikterus beginnt abzublassen. Urin reichlich, verhält sich wie

gestern, giebt aber starke Gallenfarbstoffreaction. Im Laufe des Tages wird seine Farbe heller und die Menge des Coagulum beim Kochen mit Essigsäure geht zurück. Der Durchfall ist fast verschwunden, der Stuhl dünnbreiig, hellgraugelb. Kein Erbrechen mehr. Hb-pCt. 27,5.

6. IV. Höchste Temp. 37,6. Keine Schmerzen mehr; es stellt sich Appetit ein. Die etwa 2 l Urin sind von grünlichgelbbrauner Farbe, bei auffallendem Licht braunschwarz, der Schaum ist grüngelb; der Urin enthält reichlich Gallenfarbstoff, beim Kochen mit Essigsäure giebt er aber noch leichte Eiweisstrübung. Der Ikterus verblasst. Hb-pCt. 30.

7. IV. Der Ikterus verschwindet rasch. Der Urin verhält sich wie gestern, nur ist er heller. Hb-pCt. 31. Temp. normal.

8. IV. Weitere Besserung. Stuhl sehr stark gallig gefärbt, Urin 1500 ccm, spec. Gew. 1007, Spur von Eiweisstrübung und Gallenfarbstoffreaction eben erkennbar. Hb-pCt. 32,5.

9. IV. Temp. normal. Schaum des Urins nicht mehr verfärbt. Gallenfarbstoffreaction fehlt. Urin eiweissfrei. Appetit und Schlaf gut. Hb-pCt. 32,5. Blutkörperzahl 2268000.

10. IV. Die Besserung schreitet fort. Hb-pCt. 33,5. Blutkörperzahl 2384000. - - Nachmittags stieg die Temperatur ohne Frost und ohne die geringsten subjectiven Beschwerden und erreichte 6 h. p. 39,9. — 9 h. p. Temp. bereits wieder unter 39,0. Appetit ungestört.

11. IV. Nachts gut geschlafen, Temp. morgens normal; im Blut keine Parasiten. — 12 h. m.: Temp. 38,0. — Abends normal.

12. IV. Die Temp. blieb normal, ohne dass Chinin gegeben worden wäre. Allgemeinbefinden fortgesetzt gut. Hb-pCt. 37.

13. IV. Zustand äusserlich unverändert, doch lässt der Appetit nach und der eiweissfreie, reichliche Urin enthält wieder Gallenfarbstoff. Der Stuhl ist sehr stark gallehaltig. Hb-pCt. 39,5.

18. IV. Die Kräfte heben sich nicht in der zu erwartenden Weise. Der Urin ist schwärzlichbraungrün und zeigt Gallenfarbstoffreaction; er ist eiweissfrei, spec. Gew. 1015. Hb-pCt. 45. Blutkörperzahl 1030000 und 1001000. (Es wurden kurz hintereinander 2 Zählungen von je 200 Quadraten vermittels zweier verschiedener Thoma-Zeiss'scher Apparate gemacht, und Controllzählungen mit derselben, frisch bereiteten Kochsalzlösung bei einem Reconvalescenten vorgenommen, deren Resultate zu dem Hb-gehalt in Beziehung gesetzt; hier übereinstimmendes Verhältniss zur Norm ergaben.) Sehr auffallend war (auch für den damals in Kamerun befindlichen Collegen Dr. Döring) eine eigenthümlich rothgelbe Verfärbung des Blutes von N., offenbar von gelöstem Blutfarbstoff (vielleicht auch Gallenfarbstoff?) herrührend.

Die ganz unverhältnissmässige Verringerung der Blutkörperzahl kann wohl nur durch eine pathologisch herabgesetzte Widerstandsfähigkeit und Auflösung eines grossen Theils der Erythrocyten während der Blutentnahme etc. erklärt werden. Die, welche überhaupt zur Zählung kamen, zeigten keine grössere Neigung zur Auflösung, wie diejenigen des Controlversuchs, wenn sie ihre Gestalt auch viel rascher veränderten als jene.

Demnach hätten wir es hier mit einer Hämoglobinaemie zu thun, wo der Blutfarbstoff erst nach Umwandlung in Gallenfarbstoff durch die Nieren beseitigt wurde, und auch die übrigen Zerfallsproducte der Erythrocyten die Nieren nicht passirten, denn der Urin blieb in dieser Periode der Krankheit frei von Albuminaten. Der unverhältnissmässig hohe Farbstoffgehalt ist hier auf das gelöste, gewissermassen todte, Hämoglobin zu beziehen. Schon der Kräftezustand des Kranken entsprach in keiner Weise einem Gehalt functionirenden Blutfarbstoffes von 45 pCt.; sehr viel mehr einem solchen von 20 pCt., wie ihn die Million Erythrocyten geben würde.

19. IV. Temp. normal. Urin unverändert. Hb-pCt. 42,5. Wohlbefinden.
26. IV. Die Besserung schritt inzwischen ungestört fort. Der Urin ist frei von Eiweiss und Gallenfarbstoff. Hb-pCt. 56. Blutkörperzahl 3006000. — Nachmittags leichte Temperatursteigerung.
27. IV. Die am Morgen normale Temperatur stieg 9 h. p. bis 40,0. Im Blut fanden sich keine Parasiten.

Die weitere Beobachtung des Kranken durch mich hörte dann auf, doch erfuhr ich, dass er sich noch wochenlang im Lazareth befand.

Dies wären vom 1. X. 94—IV. 1896 zusammen 53 Erkrankungen an Schwarzwasserfieber mit 5 Todesfällen, also 9,8 pCt. Mortalität. Ausserdem habe ich durch genaue Erkundigungen noch von weiteren 35 Schwarzwasserfiebererkrankungen im angegebenen Zeitraum Kenntniss erhalten, ohne auf die Behandlung einwirken zu können. Davon starben 15, also 43 pCt. Dass sich hier schwerere Erkrankungen der Kenntniss des Arztes entzogen haben, glaube ich nicht, denn in der kleinen Kolonie laufen alle Beziehungen von auswärts thätigen Beamten, Missionaren und Kaufleuten immer wieder im Mittelpunkt zusammen, und man erfährt alles. Man wird danach zugeben müssen, dass das Schwarzwasserfieber therapeutischer Einwirkung auch hier zugänglich ist, wo der Arzt seine Hauptaufgabe nicht mit Steudel darin sieht, dem Kranken enorme Chininmengen einzuverleiben.

Dabei ist zu berücksichtigen, dass von den 5 Verstorbenen drei erst im Stadium ausgebildeter, fast completer Anurie in meine Behandlung kamen, einer bereits in verzweifeltem Zustande, 36 Stunden vor seinem Tode. Ein zweiter, nachdem die Anurie 5 Tage bestanden hatte. Ich glaubte diese Fälle dennoch in die Statistik aufnehmen zu sollen, weil sie im Krankenhause und ohne Chinin behandelt wurden. Vielleicht aber ist es kein Zufall, dass diese drei Patienten die einzigen waren, welche beim Beginn der Krankheit — von anderer Seite — Alkohol (Wein und Sekt), No. 8 in grossen Quantitäten, erhalten hatten. Ich habe zunächst, auch bei Alkoholikern, stets absolute Abstinenz beobachten lassen, resp. Sekt erst in der Reconvalescenz oder im vorgerückten Stadium der Krankheit gegeben.

E. No. 11 — hatte die ausserordentlich schwere Krankheit bereits überwunden und empfing schon keine ärztlichen Besuche mehr, als er — offenbar einer Lungenembolie — erlag.

Nur No. 22 ging im unmittelbaren Anschluss an den denkbar acutesten Blutzerfall zu Grunde, während die Nieren sich dabei dem Ausscheiden der Zerfallprodukte dauernd gewachsen zeigten. Es handelte sich hier um eine förmliche Verblutung durch die Harnröhre unter schwerem, alle Symptome des septischen bietendem Fieber. Dies war der einzige Fall (von den choleriformen abgesehen), wo der Zustand von Herz und Puls gleich anfangs in ernster Weise beunruhigte und zur Anwendung von Excitantien aufforderte. Die übrigen Erkrankungen gaben dazu nur zuweilen in den letzten Stadien Veranlassung. Die Herzthätigkeit auch sehr schwer Kranker war meist relativ wenig afficirt, und die Behandlung konnte sich im wesentlichen darauf beschränken, die Nieren durch Einführen möglichst grosser Mengen von Mineralwässern fleissig zu durchspülen und zu dem Zweck den ohnehin grossen Durst eventuell künstlich noch zu steigern. Wenn der Hämoglobingehalt rasch auf 30 pCt. und darunter sank, dann war der Puls natürlich, der Verminderung an Athmungsorgan entsprechend, selbst bei normaler Temperatur recht frequent. Sonst habe ich sehr oft eine im Vergleich zur Temperaturhöhe auffallend niedrige Pulszahl angetroffen. Einmal betrug sie 90 Schläge in der Minute bei 41° C., einmal 80 bei 40,3. Selten überschritt sie 120 Schläge, auch bei Temperaturen über 40° C.

Trotzdem glaube ich nicht, dass die gegebenen Krankheitsbilder beim Unbefangenen den Eindruck erwecken können, als seien die Schwarzwasserfieber in Kamerun leichter wie in Ostafrika nach Steudel's Schilderungen. Steudel selbst steht nicht an, zu erklären, dass seine Chinintherapie den Krankheitsverlauf schwerer gestalte. Ob er es gewagt hätte, Zustände von so verzweifelter Schwere, wie sie über die Hälfte meiner Kranken durchmachten, noch „schwerer" zu gestalten? Ich bezweifle es. Wenn aber ja — in Kamerun hätte er wohl sehr üble Erfahrungen damit machen müssen; davon, dass die bei symptomatischer Behandlung leichter verlaufenen Fälle ihren Charakter wahrscheinlich sofort verändert hätten, ganz abgesehen.

So komme ich in Bezug auf die Behandlung des Schwarzwasserfiebers zu dem direct entgegengesetzten Resultat wie Steudel, nämlich dass:

1. Chinin überflüssig ist, weil die Gegner, welche es bekämpfen soll, in kurzer Zeit an den Folgen ihrer eigenen Thätigkeit zu Grunde gehen.

2. Chinin gefährlich ist im höchsten Maasse, weil es besonders geeignet erscheint, neue Paroxysmen von Blutzerfall hervorzurufen, nachdem die ersten vielleicht glücklich überstanden sind. (Vergl. auch Friedrich Plehn (4).

Dass Recidive, wie Steudel behauptet, bei seiner Behandlung viel seltener wären, konnte ich nicht finden. Wenn doch, dann würde sich das damit erklären lassen, dass der Reconvalescent in Ostafrika, oder gar Europa[1]) weniger Gelegenheit findet, sich neu zu inficiren, als in Kamerun. Die Disposition für Schwarzwasserfieber dürfte aber durch Steudel's 123 g in 23 Tagen gegeben, kaum beseitigt werden.

Wie aber lässt sich sonst der Entwickelung dieses gefährlichen Zustandes entgegenwirken?

Die Antwort ist in meinen Ausführungen grösstentheils schon enthalten.

Es sei mir gestattet, die Resultate hier noch einmal kurz zusammenzufassen:

1. Schwarzwasserfieber wird vorbereitet durch eine grössere Zahl einfacher Malariafieber.

Diese lässt sich herabsetzen:

1. durch Assanirung des Terrains,

---

1) Steudel erklärt Jeden, der Schwarzwasserfieber einmal überstand, für dauernd tropendienstunfähig (6).

2. durch zweckmässige Wohnungsverhältnisse,
3. durch geeignetes persönliches Verhalten; dahin gehört:
   a) Zweckmässige Kleidung (ausgiebigster Schutz gegen Sonnenbestrahlung!)
   b) Reichliche, kräftige, abwechslungsvolle Nahrung (mässiger Alkoholgenuss ist statthaft).
   c) Thunlichst ausgiebige körperliche Bewegung (jede Art von Sport in diesem Sinne ist nützlich).
   d) Vermeiden überflüssiger Schädigung durch Alkohol- und sonstige Excesse, Durchnässtwerden, Erkälten, unnöthiges Nächtigen im Freien etc.
   e) Energische Behandlung der ausgebrochenen Fieber mit ernsthaften Chiningaben, ohne durch überflüssig hohe Dosirung den Kranken physisch und psychisch zu schädigen.
   f) Nach Umständen Chininprophylaxe.
II. Disposition für Schwarzwasserfieber wird auch geschaffen durch längeren ununterbrochenen Aufenthalt an den Malariaherden der afrikanischen Westküste, ohne dass viele einfache Fieber zu bestehen waren.

Also wird der Aufenthalt am Schwarzwasserfieberherd abzukürzen sein. Dies ist um so wichtiger, als die einmal bethätigte Disposition sich selbst nach mehrmonatlichem Urlaub nach Europa nicht immer zu verlieren scheint. Nach den oben gemachten Berechnungen hatte die Dienstzeit der 25 in Kamerun Verstorbenen durchschnittlich 15,4, die der 49 dauernd tropendienstunfähig Heimgesandten 14,1 Monate betragen, während nur 18 der sämmtlichen im Laufe der Zeit nach Kamerun herausgesandten Beamten etc. (bis zum 1. Februar 1896) hierher wieder zurückkehrten. Die bisher übliche Verpflichtungsdauer von 2 Jahren ist also für Kamerun unbedingt zu lang. Hätte sie 12 Monate betragen, so wäre der grösste Theil der Todten, wie der krank Ausgeschiedenen dem Colonialdienst bewahrt worden. Wie wichtig es, vom Gesichtspunkt der Humanität ganz abgesehen, auch praktisch sein dürfte, die erfahrenen Kräfte sich weiter zu erhalten, darüber brauche ich kein Wort zu verlieren.

Aehnliche Erwägungen dürften die Engländer veranlasst haben, die Dienstzeit für ihre Colonien an der afrikanischen Westküste auf 12 Monate festzusetzen, worauf 6 monatlicher Heimathsurlaub gewährt wird. Die Franzosen haben nach Catrin (17) ihren Tropenärzten die weitgehendste Liberalität im Ausstellen von Urlaubsattesten zur besonderen Pflicht gemacht, und die Spanier auf Fernando Po verfahren nach denselben Grundsätzen.

Inwieweit der Aufenthalt auf einer Gesundheitstation an der afrikanischen Westküste, sei sie nun im Gebirge oder an der See in frischer und relativ malariafreier Luft gelegen, den Urlaub nach Europa ganz wird zu ersetzen vermögen, muss sich erst zeigen. Vor übertriebenen Hoffnungen möchte ich hier warnen. Aber mit Zuversicht darf man erwarten, dass der Termin für die ersten Schwarzwasserfieber sich wird hinausschieben lassen, wenn die Thätigkeit am Malariaherd selbst rechtzeitig und eventuell wiederholt durch Aufenthalt in comfortablen, zweckmässig gelegenen und eingerichteten Gesundheitsstationen unterbrochen wird. Dabei wird es ganz besonders darauf ankommen, den Leidenden in die günstigeren klimatischen Verhältnisse zu versetzen, bevor die Kräfte wesentlich gelitten haben. Nur dann erträgt er den Klimawechsel, auch im günstigen Sinne, ohne Schaden. Dagegen kann nicht dringend genug davor gewarnt werden (10), acut Kranke, die das Fieberstadium vielleicht kaum überwunden haben, zu transportiren. Diese gehören ins Hospital; mindestens, bis sie ungestützt gehen können und ihr Blut 50 pCt. Hämoglobin aufweist. Das wird auch nach den schwersten Erkrankungen in oft ganz erstaunlich kurzer Zeit erreicht, vorausgesetzt, dass man die Reconvalescenz nicht mit unsinnigen Chiningaben stört. Eine Zunahme von Blutkörperzahl und Hämoglobingehalt um 20 pCt. innerhalb von 7—8 Tagen, kommt vor, und eine solche von 10 pCt. im gleichen Zeitraum bildet die Regel. Den etwaigen Wünschen nach sofortigem Klimawechsel, welche gerade die Schwerstkranken oft energisch äussern, hat der Arzt deshalb mit Schonung und Energie sich zu widersetzen, da sie dem Patienten sicher Schaden bringen, wenn sie den Arzt auch von der Verantwortung dafür scheinbar befreien.

Ueber chronische Malariaformen in Kamerun ist wenig zu sagen, da das frühzeitige Auftreten des Schwarzwasserfiebers deren

Entwicklung wohl fast immer zuvorkommt. Meistens ist es nach etwas längerem Aufenthalt hier sehr schwer, oder unmöglich, zu entscheiden, ob es sich im einzelnen Falle um ein Recidiv bei chronischer Infektion, oder um neue Parasiteninvasion handelt. Mässige Milztumoren treten gewöhnlich, wenigstens zur Zeit der Fieberattaquen hervor. Sie können aber auch ganz fehlen. So war bei mir selbst nach 23 Fieberanfällen, die ich während 19 Monaten durchmachte, irgend welche Milzschwellung nicht nachzuweisen. Lebervergrösserung war ganz selten. Zweimal liess sie sich vorübergehend bei Schwarzwasserfieberkranken nachweisen. Einmal gab starkes Potatorium im Verein mit chronischer Malariainfection dazu Veranlassung. In den übrigen seltenen Fällen, wo ich geringe Leberschwellung fand, war dieselbe nach Maassgabe der mikroskopischen, durch den Verlauf bestätigen Untersuchung auf acute Hepatitis zurückzuführen. Dass der Hämoglobingehalt des Blutes, ebenso wie die Zahl der rothen Blutkörperchen, beim Europäer in Kamerun regelmässig um $1/4$ bis $1/3$ des in Europa Normalen reducirt werden, erwähnte ich schon. Ob es sich dabei um Folgen der Einwirkung des Malariagiftes, oder des tropischen Klimas handelt, darüber werden die Untersuchungen noch fortgeführt werden.

Die meisten Europäer, welche einige Zeit in Kamerun gelebt haben, werden „nervös". Der Grad und die Aeusserungsweise der „Nervosität" ist je nach Charakteranlage und Temperament sehr verschieden. Schwerere psychische Störungen, welche die Zurechnungsfähigkeit und Verantwortlichkeit der Betreffenden beschränkt hätten, sah ich niemals ohne gleichzeitige körperliche Erkrankung, oder nur im unmittelbaren Anschluss an eine solche. Erweisen sie sich in letzterem Falle einigermassen schwer oder hartnäckig, so halte ich schleunige Heimsendung für unbedingt geboten.

Die nervösen Erscheinungen in der Gesammtheit ihrer wechselnden Aeusserungsformen konnten ganz entschieden als eine Neurasthenie Chlorotischer bezeichnet werden, wie sie [nach Catrin (17)] schon vor Zeiten von alten Tropenpraktikern aufgefasst wurden. Im Wesentlichen zeigten sie sich als: grosse persönliche Erregbarkeit, auch über Kleinigkeiten, mit Heftigkeitsausbrüchen; leicht verletzliche persönliche Empfindlichkeit; rascher Wechsel von heiteren zu trüben Stimmungen;

grosses Schlafbedürfniss, zuweilen förmliche Schlafsucht; sehr viel seltener Insomnie; Hang zur Unthätigkeit; zuweilen, wenn die Fieber sich häuften, entwickelte sich weitgehender Indifferentismus. Wechsel von Appetitmangel und Heisshunger, oft auch von Durchfall und Verstopfung, ohne dass es sich um Katarrhe der betreffenden Schleimhäute handelte.

Ein kräftiger Mann von 25 Jahren hatte zuweilen hysterische Weinkrämpfe. Oefters treten unbestimmte Schmerzen in verschiedenen Körpertheilen, meist Gliedern und Gelenken auf; auch leiden die Colonisten zuweilen an Herzklopfen, das sehr quälend werden kann, selten ist leichtes Knöchelödem. Echte Neuralgien waren sehr selten, traten aber zuweilen als sichere Vorboten kommenden Fiebers in ganz bestimmten Nerven auf, z. B. im Nervus spermaticus.

Sogenannte larvirte Malariaformen sah ich nie. Ohne deshalb ihr durch so viele zuverlässige Tropenforscher constatirtes Vorkommen leugnen zu wollen, möchte ich doch glauben, dass ihre Domäne wesentlich wird eingeschränkt werden, wenn man erst allgemein für die Diagnose der Malaria in zweifelhaften Fällen den Nachweis des specifischen Erregers fordern wird.

Jene secundären Organveränderungen, welche sich nach Catrin (17) aus chronischer Malaria entwickeln können, resp. nach lange Zeit hindurch häufig wiederholten Fieberanfällen entstehen, und als ein Schrumpfungsprocess der vorher hypertrophirten, congestionirten Organe sich darstellen, sah ich in Kamerun nicht. Sie scheinen einem so späten Stadium der Krankheit anzugehören, dass es der Europäer in Kamerun nicht erreicht, wo sich die Malariainfection in allen ihren Aeusserungsformen durch eine besonders grosse Acuität auszeichnet.

Es mag Demjenigen, welcher sich der Einwirkung jenes mörderischen Klimas aussetzt, zum Trost gereichen, dass er, nach den bisherigen Erfahrungen, wenigstens kein langes Siechthum riskirt.

Benutzte Literatur.

1. Fisch, Tropische Krankheiten. Basel. 1891.
   Derselbe, Das Schwarzwasserfieber. Deutsche Kolonialzeitung. 1896. No. 18.
2. Wicke, Togo, Deutschwestafrika. Mündliche Mittheilung durch Döring, sowie auch
3. Döring, Ein Beitrag zur Kenntniss des Schwarzwasserfiebers. Deutsche med. Wochenschr. 1895. No. 46.
4. Friedrich Plehn, Das Schwarzwasserfieber der afrikanischen Westküste. Vortrag, gehalten in der Berliner medicin. Gesellschaft. 1895. Herbst.
5. Kohlstock, Aerztlicher Rathgeber für Deutsch-Ostafrika. Berlin.
6. Steudel, Die perniciöse Malaria in Deutsch-Ostafrika. Leipzig. 1894.
7. Derselbe, Zur Chininbehandlung des Schwarzwasserfiebers. Münchener med. Wochenschr. 1895. No. 43.
   Derselbe, Deutsche Kolonialzeitung. 1896. No. 1 u. 2.
8. Levin, Nebenwirkungen der Arzneimittel. Berlin. 1893.
9. Mannaberg, Die Malariaparasiten auf Grund fremder und eigener Beobachtungen dargestellt. Wien. 1893. Bei Hölder.
10. Davidson, Hygiene and diseases of warm climates. London. 1893.
11. Laveran, Du paludisme et de son haematozoaire. Paris. 1891.
12. Verfasser, Zur Prophylaxe der tropischen Malaria. Berliner klin. Wochenschrift. 1887.
13. Gräser, Einige Beobachtungen über Verhütung des Malariafiebers durch Chinin. Berliner klin. Wochenschr. 1888. No. 42.
    Derselbe, Ueber Malariaprophylaxe. Tageblatt der 62. Versammlung deutscher Naturforscher und Aerzte zu Heidelberg. 1890.
14. Murri (Bologna), Ueber Chininvergiftung. Deutsche medicin. Wochenschr. 1896. No. 8 und 9.
15. Kohlstock, Zur Chininbehandlung des Schwarzwasserfiebers. Entgegnung. Deutsche med. Wochenschr. 1895. No. 46.
16. Bastianelli, Sulle emoglobinurie da Malaria. Estratto del Bulletino della Societa Lancisiana. Seduta VII. 7. Maggio. 1892.
17. Catrin, Le paludisme chronique. Paris.

18. Kohlstock, Ein Fall von tropischer, biliöser Malariaerkrankung mit Hämoglobinurie. Berliner klin. Wochenschr. 1892. No. 19.
19. Schellong, Die Malariakrankheiten mit specieller Berücksichtigung tropenklimatischer Gesichtspunkte. Berlin, bei Springer.
20. Derselbe, Die Klimatologie der Tropen nach den Ergebnissen des Fragebogenmaterials. Kamerun-Bericht (Dr. Zahl).
21. Werner (Narwa), Beobachtungen über Malaria, insbesondere das typhoide Malariafieber. Berlin. 1887. Bei Aug. Hirschwald.
22. Martin, Aerztliche Erfahrungen über die Malaria der Tropenländer. Berlin. 1889. Bei Jul. Springer.
23. Celli e Marchiafava, Ueber die Malariafieber Roms. Berliner klinische Wochenschrift. 1890. No. 44.
  Dieselben, Fortschritte der Medicin. 1891. Bd. 9.
24. Marchiafava e Bignami, Sulle febbri malariche estivo-autumnali. 1892. Ermanno Löscher.
  Dieselben, Ueber die Varietäten der Malariaparasiten und über das Wesen der Malariainfection. Deutsche med. Wochenschr. 1892. No. 51 u. 52.
25. F. Plehn, Aetiologische und klinische Malariastudien. Berlin. 1890. Bei Aug. Hirschwald.
  Derselbe, Beitrag zur Lehre von der Malariainfection. Zeitschrift für Hygiene. 1890. Bd. 8.
  Derselbe, Zur Aetiologie der Malaria. Berliner klin. Wochenschrift. 1890. No. 13.
26. Quincke, Ueber Blutuntersuchungen bei Malariakranken. Mittheilungen des Vereins Schlesw.-Holst. Aerzte. 1890.
27. Grawitz, Ueber Blutuntersuchungen bei ostafrikanischen Malariaerkrankungen. Berliner klin. Wochenschr. 1892. No. 7.
28. C. Golgi, Sulla infezione malarica. Archivio per le scienze mediche. 1886. No. 4. Referirt: Fortschritte der Medicin. 1886. Bd. 4. No. 17.
  Derselbe, Ancora sulla infezione malarica. Ebenda. No. 21.
29. Derselbe, Ueber die Wirkung des Chinins auf die Malariaparasiten und die diesen entsprechenden Fieberanfälle. Deutsche med. Wochenschrift. 1892. No. 29—32.
30. Bein, Aetiologische und experimentelle Beiträge zur Malaria. Charité-Annalen. XVI. Jahrgang.
31. Ruge, Ueber die Plasmodien bei Malariaerkrankungen. Deutsche militärärztliche Zeitschrift. 1892.
32. van der Scheer, Ueber tropische Malaria. Aus dem pathol. Institut von Eijkmann (Weltevreden, Batavia). Virchow's Archiv. Bd. 139. 1895.
  Derselbe, Geneeskundig Tijdschrift v. Nederl. Indie. 1891. Bd. 31. 1—2.
33. Rosin, Ueber das Plasmodium Malariae. Deutsche medicin. Wochenschrift. 1896. No. 16.
34. Councilmann (Baltimore), Neuere Untersuchungen über Laveran's Organismus der Malaria. Fortschritte der Medicin. 1888. Bd. 6.
35. Dock (Galveston, Mexiko), Die Blutparasiten der tropischen Malariafieber. Fortschritte der Medicin. 1891. Bd. 9. No. 5.

36. Canalis, Ueber die parasitäre Varietät „Laveran'sche Halbmonde" und über die malarischen Fieber, die davon abhängen. Fortschritte der Med. 1890. Bd. 8. No. 8.
37. Celli e Marchiafava, Il reperto del sangue nelle febbri malariche invernali. Bulletino delle R. Academia med. di Roma. Ann. XVI. 1889—1890. Fasc. VI. Ref. Centralblatt für Bakteriologie. 1891. Bd. 9.
38. Jacobi, Ueber das perniciöse Malariafieber. Inaugural-Dissertation. 1868.

Im Uebrigen findet sich die Literatur bei F. Plehn und Mannaberg zusammengestellt.